普通高等教育农业农村部“十三五”规划教材
园艺专业实验实践系列教材

果树栽培学实验实习指导（第三版）

南方本

GUOSHU ZAIPEIXUE SHIYAN SHIXI ZHIDAO
NANFANGBEN

陈杰忠　主编

中国农业出版社
北　京

第三版编写人员

主　编　陈杰忠

副主编　周碧燕　徐小彪　李　娟　唐志鹏

编　者　（按姓名笔画排序）

叶明儿（浙江大学）
李　娟（仲恺农业工程学院）
杨转英（广东海洋大学）
佘文琴（福建农林大学）
张青林（华中农业大学）
陈杰忠（华南农业大学）
林立金（四川农业大学）
周碧燕（华南农业大学）
钟晓红（湖南农业大学）
姚　青（华南农业大学）
徐小彪（江西农业大学）
徐春香（华南农业大学）
唐志鹏（广西大学）
涂攀峰（仲恺农业工程学院）
曾　明（西南大学）
廖明安（四川农业大学）
樊卫国（贵州大学）

第一版编写人员

主　编　华南农学院　彭镜波

执笔者　西南农学院　李育农　张大玉　阎玉章　黄德惠

华南农学院　翁树章　吴素芬　彭镜波

浙江农业大学　李乃燕　韩鹏飞

华中农学院　章恢志

江西共大总校　范邦文

福建农学院　赵玉钦　林　铮

广西农学院　陈琼珍

四川农学院　李大福　张光伦

贵州农学院　朱维藩

山东农学院　牟云官

第三版前言

现代教育越来越重视实践环节，《果树栽培学实验实习指导（南方本）》应教学内容的要求，配合《果树栽培学各论（南方本）》使用，借此，通过实验实践教学，验证和巩固理论教学，加深学生对课堂知识的理解，掌握生产操作技能，培养学生的生产实践能力。

本次进行第三版编写，内容包括果树种类、品种的认识，果树器官及其生长动态的测量，果树生物学特性、开花结果习性和物候期的观察，果树的整形修剪技能，果树促花与疏花技术，果树保果与疏果技术，果树种子贮藏及繁殖与育苗方法，果园规划与建立，果树营养分析与果园水肥管理技术，果实的品质分析与采收方法。本书涉及果树按分布区域包括温带、亚热带、热带果树。树种有落叶果树的苹果、梨、桃、李、梅等，常绿果树的枇杷、柑橘、荔枝、龙眼、杧果等，藤本果树的葡萄、西番莲、火龙果等，草本果树的香蕉、菠萝等。这些树种地域分布广，生产技术也有差异，因此，参与编写的高等院校及老师较多，编写内容因地域之异而侧重点不同，本书仅供参考使用。

编　者

2022年3月

第一版前言

《果树栽培学实验实习指导（南方本）》是果树栽培学总论和各论（南方本）教材的组成部分，借此通过实践验证课堂的理论教学，加深认识，掌握操作技能。

本指导书内容包括：果树种类、品种的识别，果树生物学特征的观察，果树光能利用率的测定，以及依据柑橘、香蕉、菠萝、荔枝、梨、苹果、桃、李、葡萄、枇杷、栗、核桃等章教学要求安排有关内容，共计实验实习40个。一般每个实习进行2～3学时。

南方数省份，果树种类繁多，环境条件复杂，各院校的教学因地域之异而侧重点不同，因此本指导书编集内容较多，以供选用。

本指导书在编审过程中，承蒙曲泽洲、秦煊南等同志提出许多宝贵意见，特此致谢。

编　者

1979年12月

目 录

实验 1

主要果树树种的认识

目的要求

依据果树地上部分的形态特征，观察主要果树的种类，培养学生识别果树树种的能力。

材料及用具

1. 材料　柑橘、荔枝、龙眼、香蕉、枇杷、菠萝、杨梅、杧果、番木瓜、番石榴、阳桃、桃、李、梅、梨、苹果、葡萄、猕猴桃、板栗、柿、枣等主要果树及各种果树枝、叶、花、果的蜡叶标本和浸制标本。

2. 用具　笔、笔记本、尺子等。

内容及方法

植物学形态特征

观察和记载各果树树种代表植株的植物学形态特征，如树形及枝、干、叶、花、果的主要特征。

（一）植株形态

1. 树性　大乔木、中乔木、小乔木、灌木、藤本、草本；常绿、落叶。

2. 树形　圆头形、自然半圆形、扁圆形、阔圆锥形、圆锥形、倒圆锥形、乱头形、丛状、攀缘藤本等。

3. 主干　高度，形态，树皮色泽，裂纹形态。

4. 枝条　直立、开展、下垂；密、中、稀；刺有无，多少，长短。

5. 叶片

(1) 叶型：单叶、单身复叶、三出复叶、羽状复叶（奇数或偶数）等。

（2）叶片质地：肉质、革质、纸质等。

（3）叶片形状：披针形、卵形、倒卵形、圆形、阔椭圆形、长椭圆形、菱形、剑形等。

（4）叶缘形状：全缘、刺芒状、圆钝锯齿状、锐锯齿状、复锯齿状、波状、掌状裂、羽状裂等。

（5）叶脉：羽状网脉、掌状网脉、平行脉；叶脉明显与否，凸出、平或凹陷。

（6）叶面、叶背、幼叶的色泽与特征。

（二）花

1. 花序 总状花序、穗状花序、复穗状花序、柔荑花序、圆锥花序、伞形花序、复伞形花序、聚伞形花序、头状花序等。

2. 花或花序着生位置 顶生、腋生、顶腋生、老枝生或根生。

3. 花的形态 完全花、不完全花；花苞、花萼、花瓣、雄蕊、子房、花柱等的色泽及特征。

（三）果实

1. 大小

2. 形状 圆形、扁圆形、长圆形、圆筒形、卵形、倒卵形、瓢形、心脏形、方形等。

3. 果皮 色泽、质地及其他特征。

4. 果肉 色泽、质地及其他特征。

（四）种子

1. 大小，多少

2. 形状 圆形、卵形、椭圆形、半圆形、三角形、肾形、梭形、楔形、扁椭圆形、扁卵圆形、扁肾形等。

3. 种皮 色泽、质地及其他特征。

主要果树名录

（一）亚热带、热带常绿果树类

1. 荔枝（*Litchi chinensis* Sonn.） 无患子科荔枝属。

2. 龙眼（*Dimocarpus longan* Lour.；*Eurphoria longan* Lam.） 无患子科龙眼属，别名桂圆。

3. 香蕉类 芭蕉科（Musaceae）芭蕉属（*Musa*）。我国栽培的主要种类如下：

（1）香蕉（*Musa* AAA Group）。

（2）粉蕉（*Musa* AAB Group）。

（3）大蕉（*Musa* ABB Group）。

4. 菠萝（*Ananas comosus* Merr.） 凤梨科凤梨属，又名凤梨。

5. 枇杷（*Eriobotrya japonica* Lindl.） 蔷薇科枇杷属。

6. 杨梅（*Myrica rubra* Sieb. et Zucc.） 杨梅科杨梅属。

7. 杧果（*Mangifera indica* Linn.） 漆树科杧果属。

8. 番木瓜（*Carica papaya* Linn.） 番木瓜科番木瓜属。

9. 鳄梨（*Persea americana* Mill.） 樟科鳄梨属，又名油梨。

10. 人心果（*Achras zapota* Linn.） 山榄科铁线子属。

11. 波罗蜜（*Artocarpus heterophyllus* Lam.） 桑科波罗蜜属。

12. 橄榄 橄榄科（Burseraceae）橄榄属（*Canarium*）。我国栽培有以下两个种：

（1）橄榄（白榄）（*Canarium album* Raeusch.）。

（2）乌榄（*Canarium pimela* Konig）。

13. 阳桃（*Averrhoa carambola* Linn.） 酢浆草科阳桃属。

14. 番石榴（*Psidium guajava* Linn.） 桃金娘科番石榴属。

15. 黄皮（*Clausena lansium* Skeels） 芸香科黄皮属。

16. 柑橘类 芸香科（Rutaceae）柑橘亚科（Aurantioideae）。栽培上重要的属是柑橘属（*Citrus*），其次是金柑属（*Fortunella*）、枳属（*Poncirus*）。

（1）枳（*Poncirus trifoliata* Raf.）：枳属。

（2）金柑（*Fortunella crassifolia* Swing）：金柑属。

（3）柠檬（*Citrus limon* Burm. f.）：柑橘属。

（4）柚（*Citrus grandis* Osbeck）：柑橘属。

（5）葡萄柚（*Citrus paradisi* Macf.）：柑橘属。

（6）甜橙（*Citrus sinensis* Osbeck）：柑橘属。

（7）红橘（*Citrus tangerina* Tanaka）：柑橘属。

（8）椪柑（*Citrus poonensis* Tanaka）：柑橘属。

（9）温州蜜柑（*Citrus unshiu* Marc.）：柑橘属。

（二）温带落叶果树类

1. 桃［*Amygdalus persica* L.；*Prunus persica*（Linn.）Batsch］ 蔷薇科桃属。

2. 李（*Prunus salicina* Lindl.） 蔷薇科李属。

3. 梅（*Prunus mume* Sieb. et Zucc.） 蔷薇科李属。

4. 梨 蔷薇科梨属（*Pyrus*）。有中国梨和西洋梨两大类，中国梨又分砂梨、华北梨（白梨）和秋子梨 3 个种。我国南部地区栽培的梨主要是砂梨系统。砂梨（*Pyrus pyrifolia* Nakai）。

5. 苹果（*Malus pumila* Mill.） 蔷薇科苹果属。

6. 葡萄 葡萄科（Vitaceae）葡萄属（*Vitis*）。按产地不同可分为以下 3 个类群。

（1）欧亚类群：欧洲葡萄（*Vitis vinifera* Linn.）。

（2）美洲类群：美洲葡萄（*Vitis labrusca* Linn.）。

（3）东亚类群：山葡萄（*Vitis amurensis* Rupr.）。

7. 猕猴桃 猕猴桃科（Actinidiaceae）猕猴桃属（*Actinidia*）。

8. 栗（*Castanea mollissima* Blume） 山毛榉科（壳斗科）栗属。

9. 核桃（*Juglans regia* Linn.） 胡桃科胡桃属。

10. 柿（*Diospros kaki* Linn. f.） 柿科柿属。

11. 枣（*Ziziphus jujuba* Mill.） 鼠李科枣属。

作 业

1. 认识当地的主要果树，列表比较其主要形态特征。
2. 荔枝与龙眼，桃与李，梨与苹果在树形、树干、枝梢、叶片等形态上应怎样区分？

（执笔人：陈杰忠）

实验 2

苹果主要品种及砧木的识别

目的要求

通过对当地主栽苹果品种及砧木植物学形态特征和器官解剖结构的观察和调查，识别各主栽苹果品种和砧木，并初步掌握它们的主要特征特性。

材料及用具

1. 材料 苹果品种园、生产园或苗圃中的主栽品种和砧木材料。

2. 用具 调查表、铅笔、绘图工具、钢卷尺、卡尺、解剖刀等。

内容及方法

根据各地主栽品种和砧木情况，选择重点项目观察记载。

（一）品种调查项目

1. 树形 疏散分层性、自然半圆形、圆头形、圆柱形等。

2. 树姿 直立、半开张、开张、下垂。

3. 主干 主干的树皮颜色，裂纹粗细，光滑程度。

4. 枝

（1）枝生长密度：稠密、中等、稀疏。

（2）一年生枝：硬度，颜色，节间长短，有无茸毛，皮孔（大小、形状、密度）；选30枝，测定其平均长度和粗度。

（3）结果枝：长、中、短果枝比例，腋花芽结果能力，果台枝连续结果能力。

5. 叶 大小（长、宽、面积），叶片形状（圆形、卵圆形、椭圆形等，见图2-1），叶色（浅绿、绿、深绿），叶缘形状（全缘、单锯齿状、复锯齿状、刺芒状等，见图2-2），叶背茸毛多少，叶蜡质多少，叶片厚薄，叶柄颜色，叶片伸展状态（平展、向下翻卷、向上翻卷）。

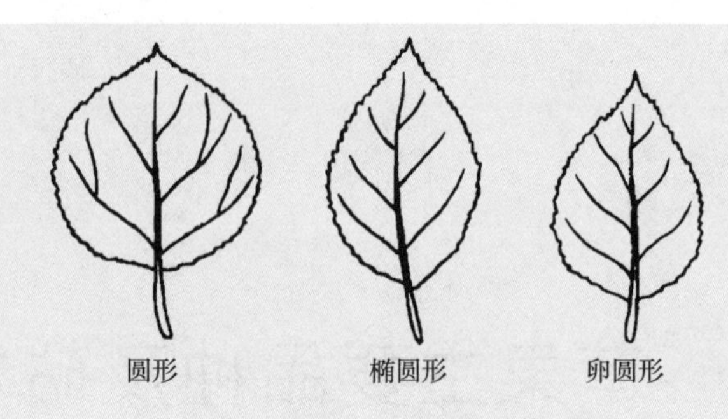

图 2-1　苹果叶片形状

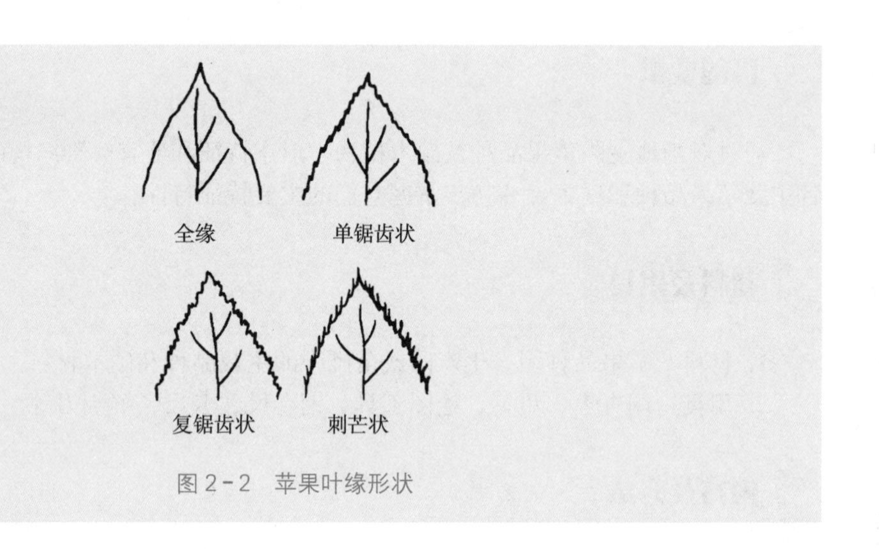

图 2-2　苹果叶缘形状

6. 芽

（1）叶芽：大小，形状，颜色，茸毛多少，芽的着生状态。

（2）花芽：大小，形状，颜色，茸毛多少，芽的着生状态。

7. 花　花色（花蕾颜色、初花颜色），大小。

8. 果实

（1）形状：圆形、扁圆形、长圆形、圆锥形、倒圆锥形、钟形等（图 2-3）。

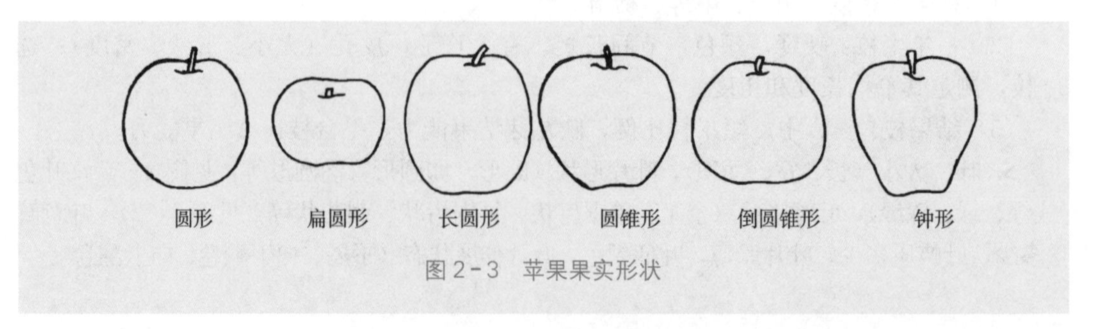

图 2-3　苹果果实形状

（2）大小：平均单果重，平均纵径，平均横径。

（3）果皮：底色（黄、绿、黄绿）；彩色（浅红、鲜红、暗红、红晕、红条纹）；果皮厚薄；果点（颜色，形状，大小，多少，分布情况）；有无锈斑，果粉多少，蜡质多少等。

（4）果梗：长短，粗细，有无肉瘤。

（5）梗洼：深度（浅、中、深，见图 2-4），宽窄（广、中、狭，见图 2-4），形状（正圆与否，有无唇状突起，有无沟纹），有无锈斑。

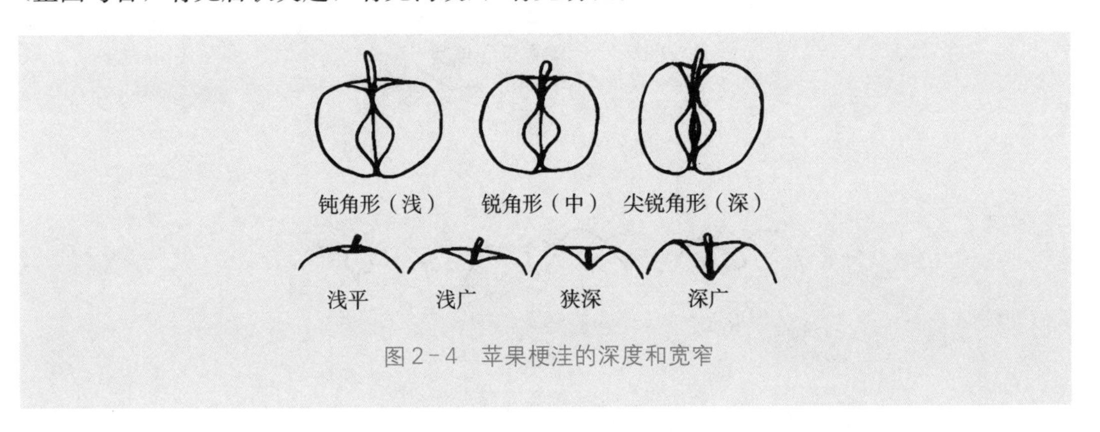

图 2-4　苹果梗洼的深度和宽窄

（6）萼洼：深度（深、中、浅，见图 2-5），宽窄（广、中、狭），有无棱或条棱。

（7）果肉：颜色（黄、白、浅绿），质地（松、脆、软、硬），汁液多少，可溶性固形物含量（%），风味（甜、甜酸适度、微酸、酸，味浓、味淡，有无涩味），香气（浓香、微香），品质（极上、上、中、下）。

（8）果心：大小，形状（偏大、正形，开、闭，见图 2-6），位置（上、中、下位，见图 2-7）。

（9）萼筒：闭合、开张，形状（圆形、壶形、漏斗形，见图 2-8）。

9. 产量　单株产量，单位面积产量，丰产性（丰产、中等、低产、大小年现象）。

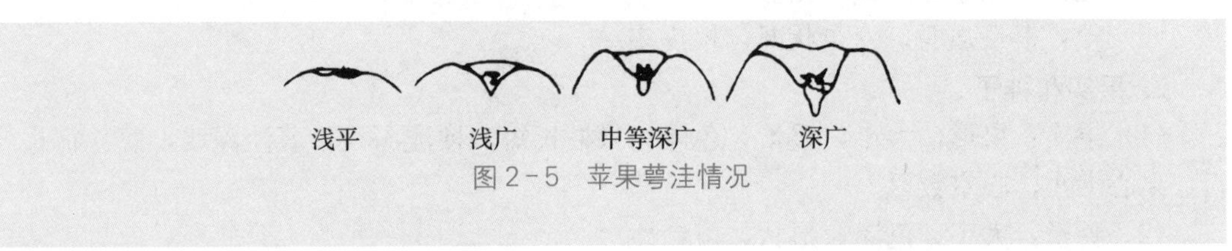

图 2-5　苹果萼洼情况

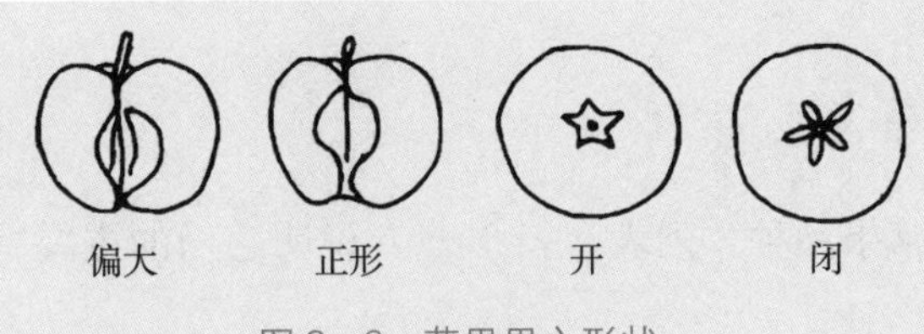

图 2-6　苹果果心形状

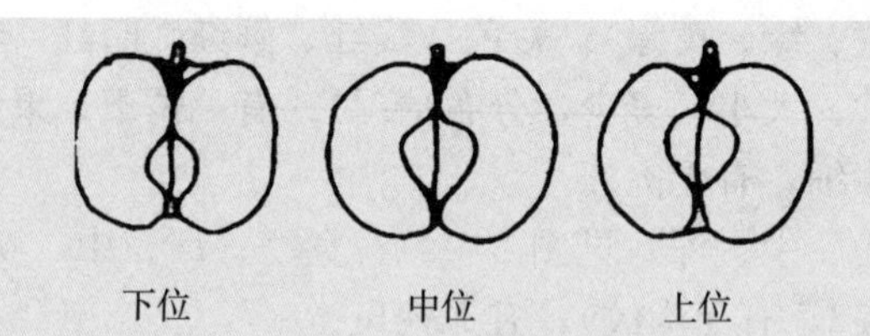

图2-7 苹果果心位置

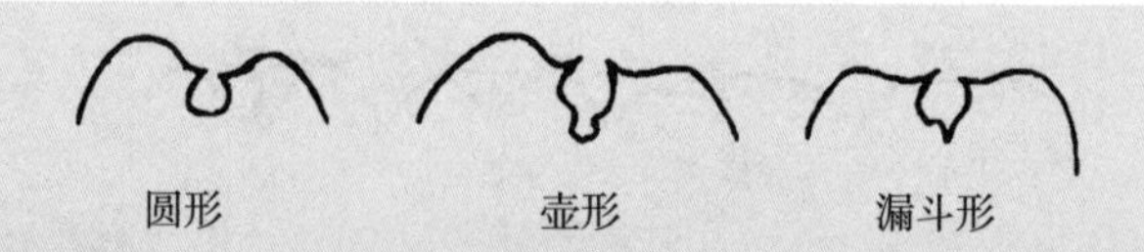

图2-8 苹果萼筒形状

（二）砧木调查项目

1. 植株性状

（1）植株：树势（强、中、弱），树高，冠幅。

（2）枝：一年生枝节间长度，皮孔，色泽，茸毛，有无针刺枝。

（3）叶：叶形，叶缘形状，叶背茸毛情况，叶尖形状，叶柄长短、粗细，叶片皮孔情况，芽体大小、颜色、形状。

（4）花：每花序花朵数，花器。

（5）根：根系强弱，分布状况，根皮率。

2. 果实和种子

（1）果实：果形，大小，重量，色泽；果梗长短，梗洼深浅；萼洼深浅，萼片宿存与否；果心大小，心室数目。

（2）种子：大小，色泽，形状，可食性。

3. 嫁接效果 接穗品种名称，嫁接方法，愈合情况，生长势，砧穗比率。

作 业

1. 根据所观察的苹果品种，列表（表2-1）说明它们的主要特征，并说明它们之间的差异。

2. 试列举几种主要苹果砧木，说明它们在植物学特征特性方面最明显的差异。

表 2-1　苹果品种调查记载

______年___月___日

<table>
<tr><th colspan="2" rowspan="2">调查项目</th><th colspan="4">品　种</th></tr>
<tr><th></th><th></th><th></th><th></th></tr>
<tr><td>树皮</td><td>颜色
皮的纹理</td><td></td><td></td><td></td><td></td></tr>
<tr><td>一年生枝</td><td>硬度
颜色
皮孔
茸毛</td><td></td><td></td><td></td><td></td></tr>
<tr><td>叶芽</td><td>形状
颜色
芽的着生位置</td><td></td><td></td><td></td><td></td></tr>
<tr><td>花芽</td><td>形状
颜色
茸毛
芽基
芽的着生状态</td><td></td><td></td><td></td><td></td></tr>
<tr><td>叶片</td><td>大小
形状
叶缘形状
叶背茸毛
蜡质
厚薄
叶柄颜色
叶片伸展状态
叶色深浅</td><td></td><td></td><td></td><td></td></tr>
<tr><td>花</td><td>花色</td><td></td><td></td><td></td><td></td></tr>
<tr><td>果实</td><td>形状
果梗
梗洼
萼洼</td><td></td><td></td><td></td><td></td></tr>
</table>

（续）

调查项目		品种			
果实	果皮 果点 果肉 果心 萼筒 风味				
主要特征描述					

填表人：________________

（执笔人：廖明安、林立全）

实验3

梨主要种类和品种的识别

目的要求

通过对白梨、秋子梨、砂梨、西洋梨4个种的代表品种进行观察和调查，了解几个主要栽培梨系统的特征特性，从而识别当地主要栽培品种。

材料及用具

1. 材料　秋子梨、白梨、砂梨、西洋梨系统的梨树代表品种各1～2株及其果实。

2. 用具　调查表、铅笔、切果刀、绘图工具等。

内容及方法

本次实习与苹果相同，因涉及物候期较多，故可分期进行调查和观察。

1. 冬态观察

(1) 树冠：开张、半开张、直立。

(2) 树皮及枝的密度：同苹果项目。

(3) 一年生枝：颜色，皮孔（大小，密度，颜色），茸毛多少，有无棱，枝条曲度（大、小）。

(4) 叶芽和花芽：形状，颜色，茸毛。

2. 生长季观察

(1) 叶片：大小，形状（卵圆形、阔卵圆形）、叶尖（急尖、渐尖、长急尖、长渐尖等，见图3-1），叶基（圆形、楔形、截形、心脏形等，见图3-2），叶缘（全缘、锯齿向内弯曲或向外弯曲），叶色（深、浅，新叶颜色），叶片厚薄，蜡质多少，叶背茸毛多少。

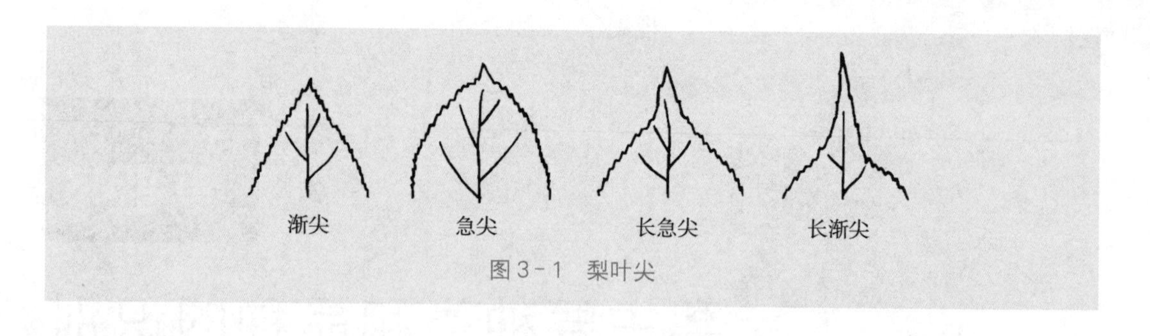

图 3-1　梨叶尖

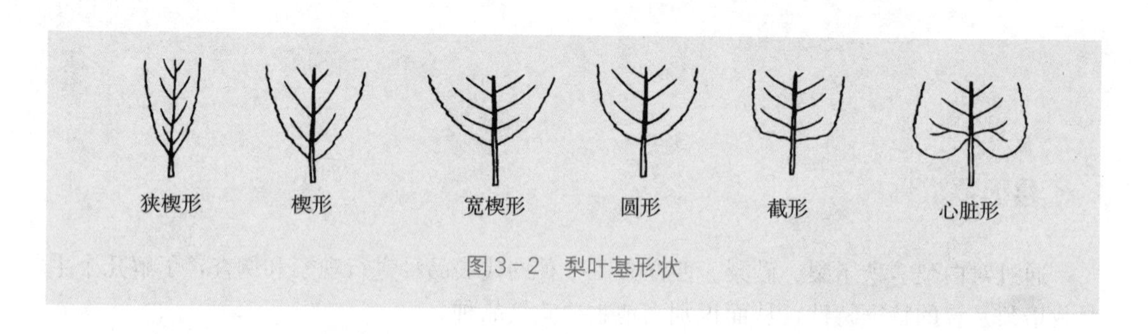

图 3-2　梨叶基形状

（2）花：一个花序内边花和中心花开花顺序，花大小、颜色（初花期花色），花柄（长、短），花瓣形状。

3. 果实观察

（1）形状：圆形、柱形、圆锥形、瓢形、纺锤形等（图 3-3）。

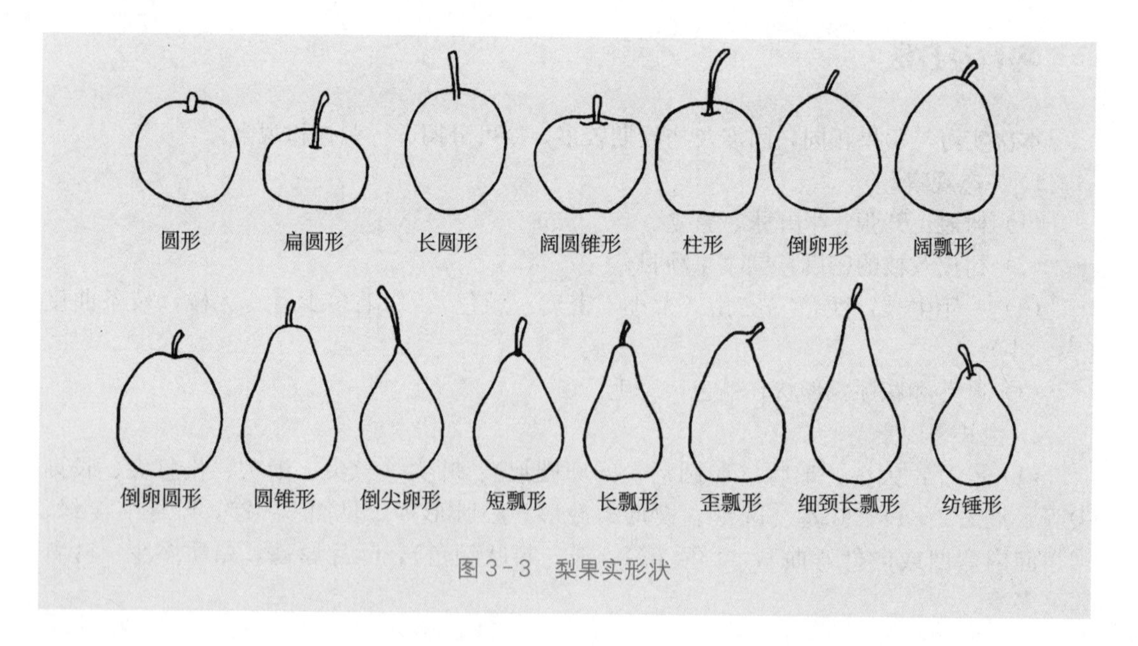

图 3-3　梨果实形状

（2）果梗：粗细，长短，角质，肉质。

（3）萼洼：深浅，宽窄，萼片脱落或宿存。

（4）果皮：颜色（底色，面色），厚薄，有无果锈，果点（大小，颜色，多少，形状，分布情况）。

（5）果肉：脆、绵、软，汁液多少，肉质（粗细，石细胞多少）。

（6）风味：甜、甜酸、酸甜、酸，有无芳香。

（7）后熟：是否需要后熟。

（8）种子：大小，数量，形状（圆形、卵圆形、肾形、梭形、扁椭圆形、扁卵圆形等），种皮色泽、厚薄及其他特征。

4. 结果习性　各类结果枝（长果枝、中果枝、短果枝）的比例（%），果台连续结果的能力，短果枝群的寿命（年），丰产性。

作　业

1. 按表 3-1 从树形、一年生枝、叶片及果实等方面区别梨的 4 个种。
2. 根据所观察的梨品种写出一份检索表。

表 3-1　梨品种调查表

______年____月____日

调查项目		品　种			
树皮	颜色 皮的纹理				
树冠					
一年生枝	颜色 皮孔 茸毛 有无棱 枝条曲度				
叶芽	形状 颜色 茸毛				
花芽	形状 颜色 茸毛				

（续）

调查项目		品种			
叶片	大小 形状 叶尖 叶基 叶缘 叶色 厚薄 蜡质 茸毛				
花	大小 颜色 花柄				
果实	形状 果梗 萼洼 果皮 果肉 风味 后熟				
主要特征描述					

填表人：____________

（执笔人：曾明）

实验 4

柑橘类的属、种和品种的识别

目的要求

通过对柑橘亚科 4 个属典型品种植株、叶片、果实的观察，初步掌握柑橘类 3 个属和柑橘属 6 大类的主要形态特征和划分依据，识别当地主要品种。

材料及用具

1. 材料　4 个属（柑橘属、金柑属、枳属、澳指檬）和柑橘属 6 大类（大翼橙类、宜昌橙类、柚类、橙类、宽皮柑橘类、枸橼类）的代表品种的植株和果实，包括葡萄柚、橘柚类杂柑、橘橙类杂柑的代表品种的植株和果实。

2. 用具　皮尺、卡尺、水果刀、放大镜、天平、糖量计、绘图用具等。

内容及方法

在果园内观察柑橘各属、种的代表品种的植株形态特征，采回叶片、果实在室内详细记载，内容如下：

（一）植株形态

1. 树性　乔木、小乔木、灌木，常绿、落叶。

2. 树形　圆头形、自然半圆形、扁圆形、阔圆锥形、圆柱形、乱头形、丛状等（图 4－1）。

图 4－1　柑橘树形

3. 枝条　直立、开展、下垂，密、中、疏，刺有无、多少、长短。

4. 叶　以春梢叶片为准，但识别品种时亦要注意夏梢和秋梢叶片。识别春梢、夏梢、秋梢叶片和枝梢特性。

（1）叶型：单身复叶、三出复叶。

（2）叶片形状：披针形、长椭圆形、长卵圆形、菱形等，叶尖凹口有无。

（3）翼叶：翼叶有无（翼叶明显）、大小、形状（倒心脏形、倒三角形、披针形、线形）。

（4）叶脉：明显、中等、不明显。

（5）色泽：叶面、叶背及嫩叶的色泽（深绿、绿、黄绿）。

（二）果实性状

1. 大小　单果重，果形指数（纵径/横径），以10个果实平均数计。

2. 形状　扁圆形、圆形、高扁圆形、长圆形、倒卵形、瓢形等。

3. 色泽　黄、黄橙、橙、橙红、红等。

4. 果面特征　平滑、粗糙，有无长沟或肋条，有无柔毛。

5. 果顶特征　圆、突起、凹陷，有无果脐，有无凹环。

6. 果基特征　圆、平、凹或有颈等。

7. 果皮　平均厚度（以赤道线横切面为准），剥离难易，脆或韧，海绵层厚薄及色泽，油胞大小、疏密、着生状态（凸、平、凹）及形状（圆形、椭圆形）。

8. 囊瓣　数目，形状（肾形、半圆形、半月形），分离难易，囊瓣壁厚薄等。

9. 果心　实、空，横切面形状（圆形、椭圆形、星状、不规则）。

10. 果肉　可食部分占全果比例（%），可溶性固形物含量（%），汁胞形状（纺锤形、棒形、长卵形、圆形、多角形等），果汁多少，色泽，风味，品质，有无异味。

11. 种子　平均每果粒数、重量，形状（纺锤形、卵圆形、近圆球形、楔形、D字形等），合点色泽，子叶色泽，胚数（以10粒种子平均数计）。

（三）枳、金柑、柑橘3属的区别

以枳、金弹、圆金柑、温州蜜柑、红橘、柠檬、甜橙、柚为材料，详细观察记载各材料的植株、叶片、果实的植物学性状。3属主要性状对比如下：

A. 叶三出羽状复叶，落叶，子房有毛，果汁有脂肪 ………………… 枳属（*Poncirus*）

AA. 叶单身复叶，常绿，子房有毛或少毛，果汁无脂肪

　B. 常绿乔木，叶网脉明显，果实6室以上 ……………………… 柑橘属（*Citrus*）

　BB. 常绿小乔木，枝纤细，叶网脉不明显，果实6室以下

　…………………………………………………………………… 金柑属（*Fortunella*）

（四）柑橘属6大类的鉴别

以红河橙、宜昌橙、柠檬、柚、甜橙、红橘等为材料，观察各代表种的植物学性状。6类柑橘检索表如下：

A. 叶柄翼叶发达

　B. 嫩枝、新叶、幼果有茸毛 ……………………………………………… 柚类

　BB. 嫩枝、新叶、幼果无茸毛

C. 花较小，花径为 2cm 以下，花丝分离散开 …………………… 大翼橙类
CC. 花较大，花径为 3cm 以上，花丝联结成束 …………………… 宜昌橙类
AA. 叶柄翼叶较小
B. 叶尖不分叉，果皮包着很紧，囊瓣难分离 ……………………………… 橙类
BB. 叶尖分叉或模糊，果皮松宽，囊瓣易分离 ………………………… 宽皮柑橘类
AAA. 叶柄无翼叶或翼叶甚小不明显 ………………………………………………… 枸橼类

(五) 容易混淆的种或品种的识别

以容易混淆的种或品种为材料，观察记载它们之间的性状差别。附一些常见种或品种的区别（表 4-1、表 4-2、表 4-3）。

表 4-1 甜橙与酸橙的区别

	甜橙（*Citrus sinensis*）	酸橙（*Citrus aurantium*）
萼片	较小	较大
油胞	凸出	凹陷
果形	圆球趋向长圆	略扁圆
果皮	细致	粗糙
风味	味甜、甘美	酸味强，不堪食
翼叶	较短窄	较长而宽
针刺	较短	较长
叶片	较宽	窄
苷类	含橘皮苷（hesperidin）	含酸橙苷（aurantamarin）

表 4-2 柑与橘的区别

	柑组（Macroacrumen）	橘组（Microacrumen）
花型	大，花径一般在 3cm 以上，花瓣向外反卷	小，花径 2.5cm 左右或更小，花瓣斜出，向外反卷不多
叶片	先端凹口模糊	凹口明显
果皮	海绵层厚	海绵层薄
种胚	浅绿色	深绿色
起源	发生迟，多为杂种	发生早，多为古老纯种

表 4-3 金柑与四季橘的区别

	金柑（*Fortunella* sp.）	四季橘（*Citrus madurensis*）
果形	高，亚球形至椭圆形	矮，扁圆形
果皮	厚，肉质化	薄，不呈肉质化
囊瓣	较少，3～7 瓣，最多 8 瓣	较多，9～11 瓣，偶有 7 瓣，一般不少于 8 瓣
汁胞	少，果肉呈橙黄色，少汁	发达，果肉呈橙黄色，汁液多

（续）

	金柑（*Fortunella* sp.）	四季橘（*Citrus madurensis*）
食用	皮、肉合食，甜酸适度，富香气，鲜食、加工俱佳	皮不堪食，肉亦极酸不堪入口，有异味，无鲜食，可蜜饯
果色	橙黄色	橙色

作 业

1. 绘制柑橘果实、叶片图，并注明各部分名称。

2. 根据表4-4，详细记载柑橘主要属、种的代表品种5～7个。

3. 简述或列表比较：①枳属、金柑属、柑橘属之间的区别要点；②温州蜜柑与红橘或椪柑之间的区别要点。

表4-4 柑橘品种记载表

________年____月____日

项目			品种				
树形							
枝条性状							
叶片	形状						
	翼叶						
	色泽						
果实外形	果重						
	果形指数						
	果形						
	果面特征						
	果顶特征						
	果基特征						
果皮	海绵层	色泽					
		厚度					
	剥离难易						
	脆、韧						
果肉	囊瓣	数目					
		形状					
		壁厚					

（续）

项目		品　种				
果肉	汁胞形状 果汁色泽 风味 可食部分比例（%） 可溶性固形物含量（%）					
种子	数目 重量 形状 子叶色泽 胚数					
品质						
归类						

填表人：________

（执笔人：曾明）

实验 5

枇杷主要品种的识别

目的要求

通过对枇杷主要品种的植株形态特征及果实性状进行观察，初步掌握识别枇杷主要品种的方法。

材料及用具

1. 材料　当地主栽枇杷品种。

2. 用具　钢卷尺、绘图工具、解剖刀、糖量计、天平、卡尺、记载表等。

内容及方法

本实验可分两次进行。选择几个枇杷主栽品种，第一次在果园观察记载植株的形态特征，第二次在实验室观察果实性状。

（一）植株形态

1. 树姿　直立、半开张、开张、下垂。

2. 主干　裂纹形状，树皮色泽。

3. 枝条　直立、开展、下垂，密、中、稀。

4. 叶片　以当年中心枝夏梢中部成熟叶片为代表。

（1）叶形：椭圆形、倒卵圆形、披针形等。

（2）大小：长，宽。

（3）叶尖：渐尖、钝尖、锐尖、偏钩尖等。

（4）叶基：楔形、宽楔形、狭楔形等。

（5）叶缘：平展、内卷、外卷、波浪形。

（6）叶背茸毛：长、中、短，密度，色泽。

（7）锯齿形状：锐尖、渐尖、圆钝。

5. 花序

（1）形态：大小，斜向上、平伸、下垂。

（2）分枝：数目。

（3）花量：多少。

（二）果实性状

每品种选择中心枝上具代表性的成熟果穗 10 穗，记载其性状。

1. 果穗　宽，长，疏松、紧密，平均果穗数，平均穗重。

2. 果梗

（1）形状：长、中、短，粗、中、细，硬、中、软。

（2）茸毛：长、中、短，密度，色泽。

3. 果实

（1）大小：纵横径，单果重。

（2）形状：扁圆形、近圆形、椭圆形、倒卵形、洋梨形等。

（3）果基：

①形状：平、广、钝圆、尖削、斜尖。

②着梗处：正、歪向一边。

（4）果顶：

形状：内凹、平广、钝圆、尖削。

（5）果皮：

①色泽：深橙红、橙红、浅橙红、橙黄、黄、浅黄、浅黄白、白等。

②茸毛：长、中、短，稀、中、密，色泽。

③果粉：厚、中、薄。

④厚度：厚、中、薄，坚韧、中等、脆软。

⑤剥皮难易：易、中、不易。

（6）果肉：

①色泽：深橙红、橙红、浅橙红、深橙黄、橙黄、浅橙黄、黄、浅黄、乳白等。

②厚度：厚、中、薄。

③肉质：粗、中、细，疏松、紧密。

④汁液：多、中、少。

⑤风味：甜、酸、甜酸适度，浓厚、中等、淡薄。

⑥香气：有、无，浓厚、淡薄。

⑦可溶性固形物含量。

4. 种子

（1）每个果实种子数。

（2）形状：半圆形、圆形、椭圆形、长圆形、卵形、三棱形、多角形等。

（3）大小：大、中、小，纵横径。

（4）色泽：浅褐色、棕褐色、黄褐色、红褐色等。

作　业

1. 试列举枇杷几个主要品种的植物学特征特性的明显差异。
2. 记载主要枇杷品种的果实性状，并加以比较。

（执笔人：佘文琴）

实验 6

荔枝主要品种的识别

目的要求

通过对当地几个荔枝主要栽培品种进行观察和记载，学习识别荔枝品种的方法。

材料及用具

1. 材料 当地有代表性的荔枝品种如三月红、圆枝、大造、黑叶、妃子笑、糯米糍、桂味、白糖罂、怀枝、陈紫、兰竹等。

2. 用具 绘图用具、天平、卡尺、解剖刀、钢卷尺、糖量计等。

内容及方法

本实验可分两次进行：第一次在果园，观察记载植株的形态特征；第二次在实验室，选具有代表性的果实横切和纵切，观察内部构造，逐项详细记载。

（一）植株形态

1. 树姿 直立、开张、半开张。

2. 树形 圆头形、自然半圆形、阔圆锥形、自然开张形等。

3. 枝条 下垂、直立，密、疏，长、短。

4. 叶片 以春梢或秋梢叶片为代表。

（1）复叶：叶型（奇数羽状复叶、偶数羽状复叶），小叶数量。

（2）小叶：形状（椭圆形、长椭圆形、披针形、卵圆形、长卵圆形等），叶尖（短尖、长尖、钝），叶缘（波纹或内卷），叶脉（明显、中等、不明显），叶面颜色（深绿、绿、黄绿、浅绿），叶背颜色（深绿、绿、黄绿、浅绿）。

（3）其他。

（二）果实性状

1. 果形 形状（圆形、卵圆形、椭圆形、歪心形、长心形、圆球形、心脏形等），果肩（平、突、歪斜等），果顶（圆、渐尖等）。

2. 大小 重量（20个果平均值），纵径/横径（20个果平均值）。

3. 果皮 颜色，厚度，刺手度，龟裂片（平、隆起、突出），裂片峰（无、钝、锐），缝合线（明显、不明显），内果皮颜色（鲜红、浅红、暗红），维管束（明显、不明显）。

4. 果肉

（1）厚度：10个果平均值，以果实中部为准。

（2）可食率：可食部分占全果重的比例，10个果平均值，单位为%。

（3）色泽：乳白、蜡色、微带黄色等。

（4）肉质：柔软、爽脆。

（5）汁液：多、中、少。

（6）风味：酸、甜、酸涩甜、味淡，有无特殊香味等。

（7）可溶性固形物含量。

5. 核蒂柱 离核或连核，大小，可食或不可食。

6. 种子 重量（10粒平均值），纵径/横径（10粒平均值），饱满或焦核。

7. 其他

作 业

1. 详细记载荔枝早、中、晚熟代表品种的植株形态特征（表6-1）。

2. 详细记载各品种果实性状（表6-2），并绘制果实纵切面示意图，注明各部分名称。

3. 就观察结果概述各品种果实的主要特征及品质。

表6-1 荔枝植株形态记载表

______年____月____日

<table>
<tr><th colspan="2" rowspan="2">调查项目</th><th>早熟品种</th><th>中熟品种</th><th>晚熟品种</th></tr>
<tr><th></th><th></th><th></th></tr>
<tr><td colspan="2">树姿
树形
枝条分布</td><td></td><td></td><td></td></tr>
<tr><td>复叶</td><td>叶型
小叶数量</td><td></td><td></td><td></td></tr>
<tr><td>小叶</td><td>形状
叶尖
叶缘
叶脉
叶面颜色
叶背颜色</td><td></td><td></td><td></td></tr>
<tr><td colspan="2">其他</td><td></td><td></td><td></td></tr>
</table>

填表人：______________

表 6-2　荔枝果实性状记载表

_______年___月___日

调查项目		品　种			
成熟度 果形 果肩 果顶					
果实大小	重量（g） 纵径/横径（cm）				
果皮	颜色 厚度 刺手度 龟裂片 裂片峰 缝合线 内果皮颜色 维管束				
果肉	厚度 可食率（%） 色泽 肉质 汁液 风味 可溶性固形物含量（%）				
核蒂柱 种子 其他					
果实纵切面示意图					

填表人：_____________

（执笔人：周碧燕）

实验 7

龙眼主要品种的识别

目的要求

通过对龙眼主要品种的植株形态特征及果实性状进行观察，初步掌握识别龙眼主要品种的方法。

材料及用具

1. 材料　当地主栽龙眼品种。

2. 用具　钢卷尺、绘图工具、解剖刀、色差仪、量角器、糖量计、天平、卡尺、记载表等。

内容及方法

本实验可分两次进行。选择几个龙眼主栽品种，第一次在果园观察记载植株的形态特征，第二次在实验室观察果实性状。

（一）植株形态

1. 树姿　取具代表性的植株，测量3个基部主枝中心轴线与主干的夹角，依据夹角的平均值确定树姿类型。树姿类型及判定标准：直立（夹角＜40°）、半开张（40°≤夹角＜60°）、开张（60°≤夹角＜80°）、下垂（夹角≥80°）。

2. 主干　颜色（灰白色、灰褐色、黄褐色等），树皮裂纹（不明显、较明显、明显）。

3. 叶片

（1）小叶排列方式：互生、对生。

（2）小叶重叠程度：不重叠、稍重叠、明显重叠。

（3）小叶形状：披针形、长椭圆形、卵圆形等。

（4）叶片颜色：浅绿色、绿色、深绿色。

（5）叶尖形状：钝尖、渐尖、急尖、长渐尖。
（6）叶基形状：楔形、狭楔形、宽楔形、钝圆形、心脏形等。
（7）叶缘形状：平展、微波浪形、波浪形。
（8）叶柄颜色：灰白色、灰青色、暗灰色等。

4. 花序

（1）分枝：数目。
（2）花量：多少。

（二）果实性状

每个品种选择摘取中心枝上具代表性的成熟果10穗，记载其性状。

1. 果穗 长度，宽度，重量，穗粒数。

2. 果梗 形状（长、中、短，粗、中、细，硬、中、软）。

3. 果实

（1）大小：纵径，横径，单果重，果形指数。
（2）形状：扁圆形、近圆形、椭圆形、扁圆形、心脏形等。
（3）果肩：平广、单肩微耸、双肩耸起、下斜。
（4）果顶：钝圆、浑圆、尖圆。
（5）果皮颜色：黄白色、灰褐色、黄褐色、棕褐色、赤褐色、黑褐色等。
（6）果肉：
①色泽：蜡白色、乳白色、乳白色带血丝、黄白色、粉红色等。
②透明度：不透明、半透明、透明。
③汁液：多、中、少。
④风味：甜、淡甜、浓甜。
⑤香气：无、淡、浓、异味。
⑥可溶性固形物含量：利用糖量计测量。

4. 种子

（1）形状：扁圆形、近圆形、椭圆形、不规则形等。
（2）种皮颜色：白色、红褐色、赤褐色、紫黑色、漆黑色等。
（3）种脐形状：近圆形、椭圆形、长椭圆形、不规则形等。

作业

1. 试列举龙眼几个主要品种的植物学特征特性的明显差异。
2. 按实验项目将观察结果填入主要品种果实性状记载表，并加以比较。

（执笔人：佘文琴）

实验 8

香蕉主要品种的识别

目的要求

观察香蕉生产中几个主栽品种各器官的形态特征，初步学会区分这些主栽品种，同时也对植物新品种保护有所了解。

材料及用具

1. 材料 巴西蕉、金沙香、海贡、贡蕉、大蜜舍、东莞中把大蕉、东莞高把大蕉、广粉 1 号、高脚顿地雷、北大矮蕉等的标本树及催熟后的果实。

2. 用具 拍照设备（手机或数码相机）、铅笔、笔记本等。

内容及方法

仔细观察几个主栽香蕉品种的植物学性状（表 8-1）。

表 8-1 香蕉植物学性状及标准品种

序号	性状	表达状态	标准品种
1	倍性	二倍体	海贡
		三倍体	巴西蕉、东莞中把大蕉、广粉 1 号、金沙香
		四倍体	金手指
2	根茎：地上部吸芽数量	少	
		中	巴西蕉、广粉 1 号
		多	
3	假茎：高度	极矮	
		矮	北大矮蕉、矮大蕉

（续）

序号	性状	表达状态	标准品种
3	假茎：高度	中	巴西蕉、东莞中把大蕉
		高	东莞高把大蕉、金沙香
		极高	高脚顿地雷、大蜜舍、广粉1号
4	假茎：基部粗度	小	海贡、贡蕉
		中	巴西蕉、东莞中把大蕉
		大	广粉1号
5	假茎：叶鞘重叠程度	无或弱	大蜜舍
		中	巴西蕉
		强	北大矮蕉
6	假茎：上端变细程度	无或弱	东莞中把大蕉
		中	巴西蕉、海贡
		强	
7	假茎：底色	黄绿色	东莞中把大蕉
		浅绿色	
		中等绿色	海贡
		深绿色	抗枯1号
		红绿色	
		红色	红蕉
		紫色	
8	假茎：花青苷显色	无或极弱	东莞中把大蕉、广粉1号
		弱	
		中	大蜜舍
		强	巴西蕉
		极强	
9	假茎：基部叶鞘内表面颜色	黄绿色	贡蕉
		绿色	
		红色	
		紫红色	大矮蕉
10	植株：叶距疏密	疏	海贡、大蜜舍、金沙香
		中	巴西蕉、东莞中把大蕉
		密	北大矮蕉、矮大蕉
11	植株：叶姿	直立	海贡
		开张	巴西蕉、东莞中把大蕉
		下垂	

（续）

序号	性状	表达状态	标准品种
12	叶柄：顶部两翼姿态	向外翻卷	海贡
		垂直	
		轻微向内翻卷	北大矮蕉
		中度向内翻卷	东莞中把大蕉
		部分重叠	
13	叶柄：边缘颜色	无色	东莞中把大蕉
		绿色	
		红色	海贡
14	叶柄：长度	短	北大矮蕉、矮大蕉
		中	海贡、巴西蕉、东莞中把大蕉
		长	高脚顿地雷、大蜜舍、金沙香
15	叶片：叶背中脉颜色	黄色	贡蕉
		绿色	东莞中把大蕉、北大矮蕉
		粉色	海贡
		紫色	红蕉
		深紫色	
16	叶片：基部形状	两侧圆形	东莞中把大蕉
		一侧圆形一侧尖形	海贡
		两侧尖形	大矮蕉
17	叶片：叶面光泽	无	大矮蕉
		有	海贡、贡蕉、东莞中把大蕉
18	叶片：叶背蜡粉	无或极少	贡蕉
		少	金沙香
		中	巴西蕉
		多	广粉1号
19	叶片：长度	短	北大矮蕉、海贡
		中	巴西蕉、东莞中把大蕉
		长	高脚顿地雷、广粉1号
20	叶片：宽度	窄	海贡、贡蕉
		中	巴西蕉
		宽	大矮蕉、东莞中把大蕉
21	叶片：长宽比	小	北大矮蕉
		中	巴西蕉
		大	高脚顿地雷、大蜜舍

（续）

序号	性状	表达状态	标准品种
22	花序轴：苞片宿存性	无或弱	巴西蕉、海贡、东莞中把大蕉
		中	
		强	北大矮蕉
23	花序轴：雄花轴姿态	下垂	巴西蕉
		斜生	
		弯曲下垂	高脚顿地雷、大蜜舍
		水平斜生	贡蕉、海贡
24	花序轴：疤痕突出程度	弱	巴西蕉、贡蕉
		中	
		强	东莞中把大蕉、广粉 1 号
25	花序轴：中性花宿存性	无	贡蕉
		有	金沙香、红蕉
26	苞片：顶部形状	锐尖	贡蕉
		尖	
		钝尖	巴西蕉
		钝圆	东莞中把大蕉
		钝圆且开裂	
27	雄花序：花蕾顶部苞片排列	完全重叠	巴西蕉、海贡
		小覆瓦状	
		大覆瓦状	东莞中把大蕉
28	雄花序：苞片外表颜色	黄绿色	
		红绿色	
		紫红色	巴西蕉、海贡、东莞中把大蕉
		紫色	大蜜舍
		紫褐色	
29	雄花序：雄花蕾宿存性	无	
		有	巴西蕉、海贡、东莞中把大蕉、北大矮蕉
30	雄花序：雄花蕾形状	披针形	大蜜舍
		近椭圆形	巴西蕉、海贡
		卵圆形	东莞中把大蕉
		圆球形	
31	果穗柄：长度	短	北大矮蕉、海贡、矮大蕉
		中	巴西蕉、东莞中把大蕉
		长	高脚顿地雷、东莞高把大蕉

（续）

序号	性状	表达状态	标准品种
32	果穗柄：粗度	细	海贡
		中	巴西蕉、东莞中把大蕉
		粗	大矮蕉
33	果穗柄：弯曲程度	无	
		弱	金沙香、海贡
		中	大矮蕉
		强	巴西蕉
34	果穗柄：茸毛	无	
		有	海贡、巴西蕉、东莞中把大蕉
35	果穗：长度	短	海贡、红蕉
		中	矮大蕉、东莞中把大蕉
		长	巴西蕉、广粉1号
36	果穗：宽度	窄	海贡
		中	巴西蕉
		宽	东莞中把大蕉
37	果穗：形状	圆柱形	巴西蕉
		圆锥形	海贡
		不规则	
38	果穗：果实着生姿态	水平或轻微上弯	海贡、东莞中把大蕉
		中等上弯	广粉1号
		强烈上弯	巴西蕉
39	果穗：紧凑性	松散	东莞中把大蕉
		中	巴西蕉
		紧密	北大矮蕉、广粉1号
40	果穗：果梳数	少	东莞中把大蕉、海贡、红蕉
		中	巴西蕉、广粉1号
		多	
41	果实：果指长度	短	海贡
		中	大矮蕉、东莞中把大蕉、北大矮蕉、广粉1号
		长	巴西蕉、大蜜舍
42	果实：果指宽度	窄	海贡
		中	巴西蕉、北大矮蕉
		宽	东莞中把大蕉、广粉1号

（续）

序号	性状	表达状态	标准品种
43	果实：果指形状	直	海贡、东莞中把大蕉
		末端轻微弯曲	大蜜舍、金沙香
		均匀弯曲	巴西蕉
		S形	
44	果实：果指先端形状	圆形	红蕉、贡蕉
		钝尖形	巴西蕉、东莞中把大蕉、广粉 1 号
		瓶颈形	大蜜舍
		尖形	海贡
45	果实：果柄长度	短	海贡
		中	巴西蕉、广粉 1 号
		长	东莞中把大蕉
46	果实：生果皮颜色	浅黄色	
		中等黄色	
		深黄色	
		黄绿色	东莞中把大蕉
		浅绿色	海贡、贡蕉
		中等绿色	巴西蕉
		深绿色	
		粉红色	
		红色	红蕉
47	果实：果棱	不明显	海贡、广粉 1 号、贡蕉
		中	巴西蕉、金沙香
		明显	东莞中把大蕉
48	果实：果皮粘持性	弱	金沙香
		中	巴西蕉
		强	海贡、贡蕉
49	果实：花器官宿存性	无	贡蕉、东莞中把大蕉
		有	海贡、巴西蕉
50	果实：果皮厚度	薄	贡蕉、海贡、广粉 1 号、金沙香
		中	巴西蕉
		厚	东莞中把大蕉

（续）

序号	性状	表达状态	标准品种
51	果实：熟果皮颜色	浅黄色	大蜜舍
		中等黄色	东莞中把大蕉、孟加拉菜蕉
		绿黄色	
		黄色	巴西蕉、北大矮蕉
		深黄色	贡蕉、金沙香
		橙色	
		橙红色	
		浅红色	红蕉
		黑色	
52	果实：果肉硬度	软	大矮蕉、金沙香
		中	巴西蕉、广粉1号
		硬	东莞中把大蕉
53	果实：熟果肉颜色	白色	粉大蕉
		乳白色	广粉1号
		黄白色	巴西蕉、金沙香
		黄色	海贡、贡蕉、红蕉
		橙色	东莞中把大蕉
		粉红色	

注：主要参照《植物新品种特异性、一致性和稳定性测试指南　香蕉》（NY/T 2760—2015）。

作　业

试从假茎、叶片及果实的形态特征识别几个主栽香蕉品种。

（执笔人：徐春香）

实验 9

火龙果主要种类和品种的识别

目的要求

火龙果（*Hylocereus undatus* Britton & Rose）是一种重要的南亚热带果树，从果实形状及果肉颜色可以直接识别出火龙果不同的种类和品种，还可以根据枝蔓的形态、一年结果批次及果实发育特性等方面进行识别。

通过观察不同种类和品种火龙果枝蔓的生长特点、结果批次及开花结果特性等，能区别火龙果的种类和品种，并能初步掌握火龙果的主要特征。

材料、试剂及用具

1. 材料 火龙果资源圃内保存的不同种类和品种的材料。

2. 试剂 95%乙醇（C_2H_5OH）、酚酞（$C_{20}H_{14}O_4$）、氢氧化钠（NaOH）。

3. 用具 调查表、铅笔、直尺、糖量计、天平、标准比色卡、果实硬度计、游标卡尺、刀、研钵、碱式滴定管（10mL、25mL）、水浴锅、锥形瓶（100mL、150mL、250mL）、移液管（25mL、50mL、100mL）、均质器等。

内容及方法

（一）性状观察

1. 枝蔓观察

（1）成熟枝蔓形状：三棱形、四棱形、近圆柱形等，观察枝蔓的弯曲程度及茎面的平展度。

（2）成熟枝蔓颜色：成熟枝蔓中部向阳表面的颜色能体现种类和品种的差异，主要分为黄绿色、绿色、深绿色、绿色带紫色等。

（3）嫩梢末端颜色：在抽梢期观察嫩梢末端的主要颜色，分为绿色、浅绿色、黄绿色、紫红色及其他（注明何种）颜色。

（4）茎缘形状：齿形、波浪形、平滑形。

（5）刺座着生位置：凹陷处边缘、凹陷处底部、突起处。

（6）刺座间距：测量茎蔓中段约 50cm 内刺座间距，取平均值。

2. 花朵特点

（1）花的形状：测量花和花筒的最大直径和长度，花被的颜色，以及雌雄蕊是否齐平等。

（2）花器数量：子房表面鳞片数及花被数量等。

3. 果实部分

（1）果皮颜色：粉红色、玫红色、紫红色、暗紫红色、红色、橘红色、绿色和黄色等。

（2）果肉颜色：粉红色、紫红色、红色、白色和透明白色等。

（3）果皮是否带刺。

（4）果实形状：测量果实的纵径与横径，并计算果形指数。

（5）鳞片状态：在果实充分成熟时观察正常果实中上部的萼片状态，分为直立贴果皮、开张不贴果皮、向下翻卷、其他（注明具体状态）。

（6）鳞片大小和数量：测量果实中部鳞片的长度、厚度和基部宽度，查看鳞片数量。

（7）单果重：随机抽取 20 个果实进行测量，取平均值。

（8）可食率：称量果实重量（M_1），去掉果肉，称量果皮重量（M_2），依据公式 $X=(M_1-M_2)/M_1\times100\%$ 计算可食率 X。

（9）果肉质地：软绵、细腻、较紧实、较粗和其他（注明具体质地）。

（10）可溶性固形物含量：用糖量计进行测定。

（11）可滴定酸含量：参照 GB 12456—2021《食品安全国家标准 食品中总酸的测定》进行测定。

（12）裂果率：在每批次果实大量成熟时，采用目测的方法调查裂果的数量，计算裂果数占总果数的百分率，精确到 0.1%。

（13）果肉风味：淡味或稍甜、清甜、甜、蜜甜、甜带微酸、微酸、其他（注明具体风味）。

（14）果肉香味：无、微香、香、异香（注明具体香味）。

（二）数据记录及结果分析

1. 仔细观察、测定并详细填写调查记录表（表 9-1）。
2. 依据所记录性状和数据判断所调查火龙果的种类和品种。

表9-1　火龙果品种调查记录表

项目			种类和品种				
枝蔓	形状						
	颜色						
	茎缘形状						
	刺座着生位置						
	刺座间距						
花	形状	花径					
		花被					
		雌蕊					
		雄蕊					
	数量	子房表面鳞片					
		花被					
果实	果皮						
	果肉						
	是否带刺						
	果形指数						
	鳞片状态						
	鳞片数						
	单果重						
	可食率						
	果肉质地						
	可溶性固形物						
	可滴定酸						
	裂果率						
	风味						
	香味						

作　业

根据所观察火龙果品种特性，编写一个检索表。

（执笔人：杨转英）

实验 10

菠萝主要品种的识别

目的要求

观察和测定生产上主要栽培的菠萝品种的植物学形态特征及果实性状，初步掌握识别菠萝主要品种的方法。

材料及用具

1. 材料　卡因类、皇后类、西班牙类和杂交种类菠萝代表品种的植株和果实。

2. 用具　托盘天平、钢卷尺、卡尺、水果刀、镊子、放大镜、数显糖分测试仪（具有测量可溶性固形物含量和酸含量的功能）、测定菠萝蛋白酶活力的仪器和试剂。

内容及方法

（一）植株形态特征和果实性状

选择卡因类、皇后类、西班牙类和杂交种类菠萝代表种的植株和果实，观察、测定和记载以下各项目。

1. 植株　观察和测定株高、株宽，标准叶的长度与宽度，叶数、叶形、叶色、彩带部位、叶缘叶刺、叶背牙状粉线。

2. 果实　观察和测定果实形状、果重、果皮色泽、果肉色泽、中心柱（果心）大小、小果形状、果眼平突程度及深浅，测定可溶性固形物含量、酸含量、果汁含量、菠萝蛋白酶活力、风味。

（二）观察记载表

将观察和测定的结果记载于表 10 - 1。

表 10-1 主要菠萝品种记载表

_____年____月____日

记载项目		品种			
植株	株高（cm） 株宽（cm）				
叶片	标准叶长（cm）×宽（cm） 数量 形状 色泽 叶缘（刺的多少） 叶片彩带部位 叶背牙状粉线				
果实	纵径（cm）×横径（cm） 果重（g） 果实形状 果皮色泽 果肉色泽 果心大小（cm） 小果形状 果眼深浅 可溶性固形物含量（%） 酸含量（%） 蛋白酶活力（U/mL） 果汁含量（mL/100g） 风味				
	品种评价				

注：本实习可分两次完成。

填表人：________________

作 业

1. 绘制菠萝果实纵剖面图，并注明各部分名称。
2. 菠萝不同品种有哪些主要区别？

附：菠萝蛋白酶活力测定

1 试剂及仪器

1.1 试剂 酪蛋白、氢氧化钠、磷酸缓冲液、EDTA。

1.2 仪器 精密电子天平、紫外分光光度计、精密pH计、榨汁机、高速离心机。

1.3 试剂配制 10.0mg/mL酪蛋白、0.1mol/L磷酸缓冲液、1mol/L氢氧化钠、EDTA。

1.4 酪蛋白标准曲线的绘制 以终浓度分别为2.0、4.0、6.0、8.0和10.0mg/mL的酪蛋白溶液为X轴，吸光度（A_{275}）为Y轴，绘制酪蛋白浓度对吸光度（A_{275}）的标准曲线，从而获得它们的线性方程，并根据线性方程求出菠萝蛋白酶的浓度。

2 酪蛋白法测定菠萝蛋白酶活力

2.1 菠萝果实（八九成熟）。将菠萝果皮、果肉分离，取果肉打碎、榨汁，纱布粗滤，离心（4 000r/min，10min）后得澄清液，即得菠萝粗蛋白酶液，存放于冰箱中备用。

2.2 取菠萝粗蛋白酶液2.0mL，用0.1mol/L磷酸缓冲液（pH7.0）溶解并稀释至10mL，4 000r/min离心15min得上清液。量取1.0mL菠萝蛋白酶液和0.9mL EDTA于试管中，38℃水浴10min，再加入1%酪蛋白0.1mL，38℃水浴10min，最后加入8.0mL 1mol/L的氢氧化钠溶液，摇匀，于室温放置30min，以磷酸缓冲液作参比，测定菠萝蛋白酶的吸光度（A_{275}），根据酶活力计算公式计算出菠萝蛋白酶活力。

菠萝蛋白酶活力计算公式：

$$酶活力（U/mL）=A_{275}/M\times 0.050\,8\times 10$$

式中，A_{275}为酶在275nm处的吸光度，M为每毫升酶液中酶的含量（mg），0.050 8为0.1 mg/mL酪蛋白溶液在275nm处的吸光度，10为反应时间（min）。

（执笔人：唐志鹏）

实验 11

杧果主要品种的识别

目的要求

通过对杧果主要品种的植物学特征特性及果实性状的观察，初步掌握识别杧果主要品种的方法。

材料及用具

1. 材料 当地杧果主要栽培品种。

2. 用具 钢卷尺、量角器、绘图工具、解剖刀、糖量计、天平、卡尺、记载表等。

内容及方法

在果园内观察杧果各品种的植株形态特征，采叶、果到室内详细观察记载。

（一）植株形态

1. 树形 圆头形、伞形、椭圆形、塔形等。

2. 枝条 直立（主干与一级主枝角度<30°）、中等（主干与一级主枝角度为30°～60°）、开张（主干与一级主枝角度≥60°）、下垂，密、中、稀。

3. 初生嫩梢颜色 浅绿色、紫色、紫红色、古铜色、黄绿色等。

4. 叶片

（1）叶形：长圆披针形、披针形、椭圆披针形等。

（2）大小：长度，宽度。

（3）叶尖：钝尖、渐尖、急尖等。

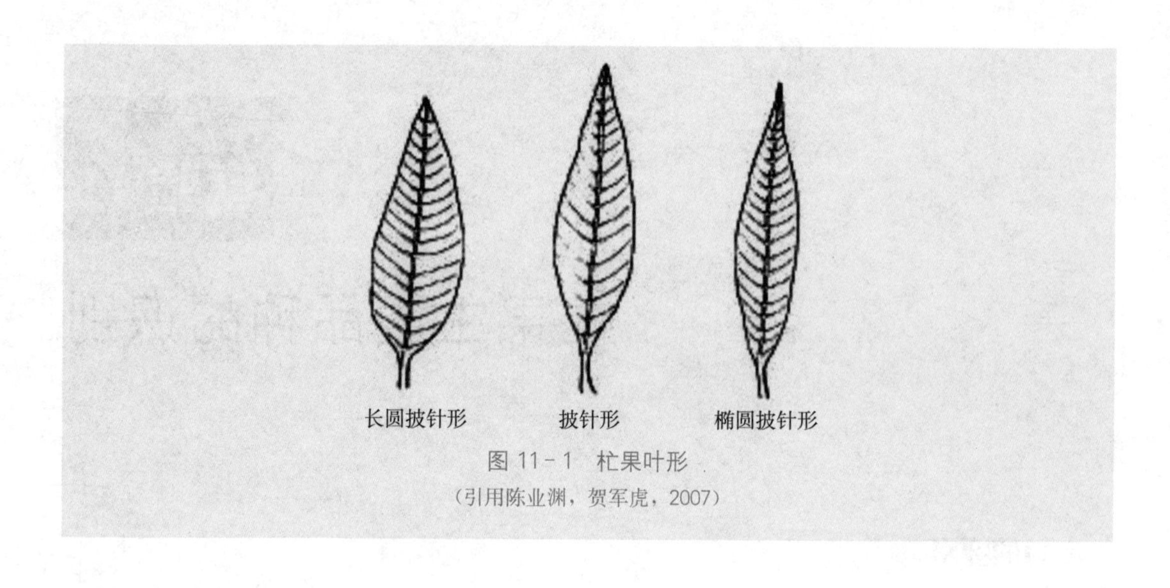

图 11-1 杧果叶形
（引用陈业渊，贺军虎，2007）

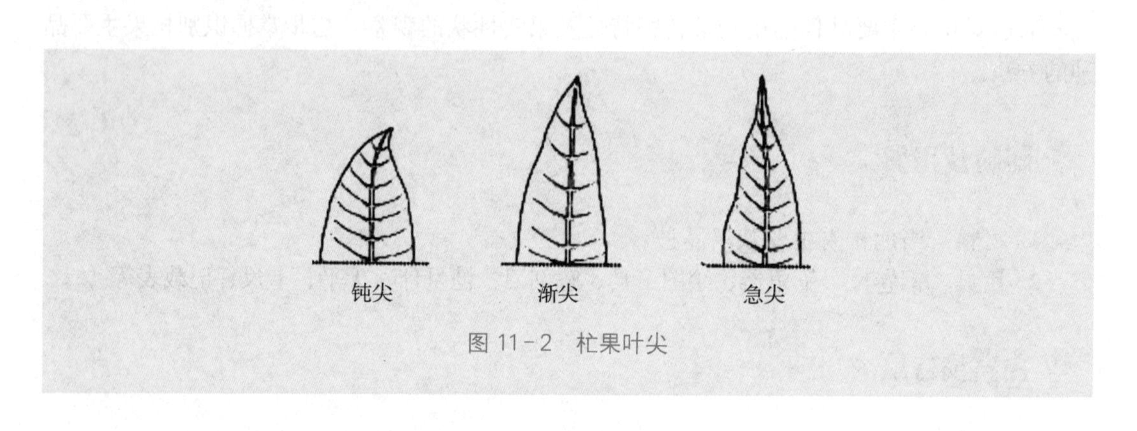

图 11-2 杧果叶尖

（4）叶面状态：卷曲，波浪形，皱叶，扭曲，平直。

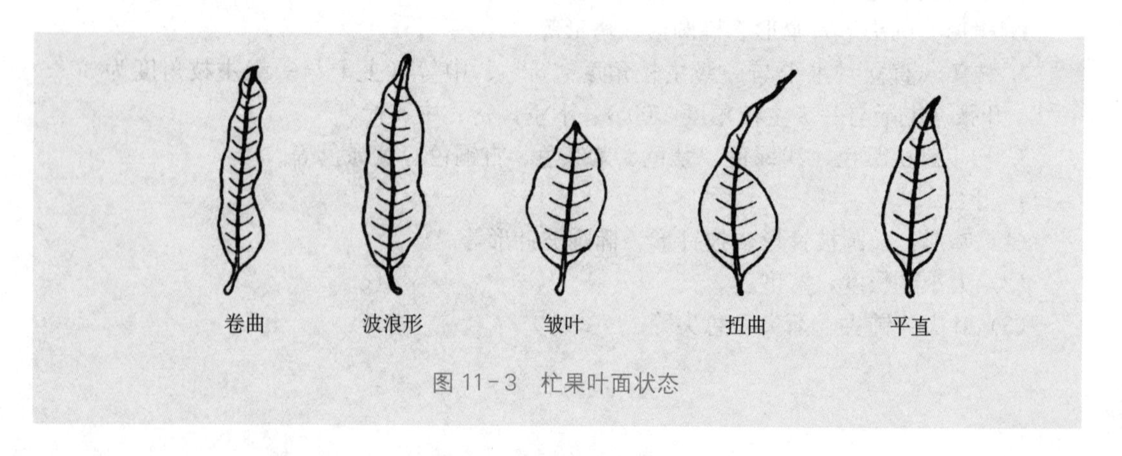

图 11-3 杧果叶面状态

（5）色泽：深绿、浅绿等。

5. 花序

（1）形态：大小，挺直或下垂。

（2）分枝：数目。

（3）花量：多少。

（4）色泽：黄绿色、红色、浅黄色等。

（二）果实性状

1. 大小　长度，宽度，厚度，单果重。

2. 形状　长圆形、椭圆形、圆球形、卵形、象牙形、S形、扁圆形、肾形等。

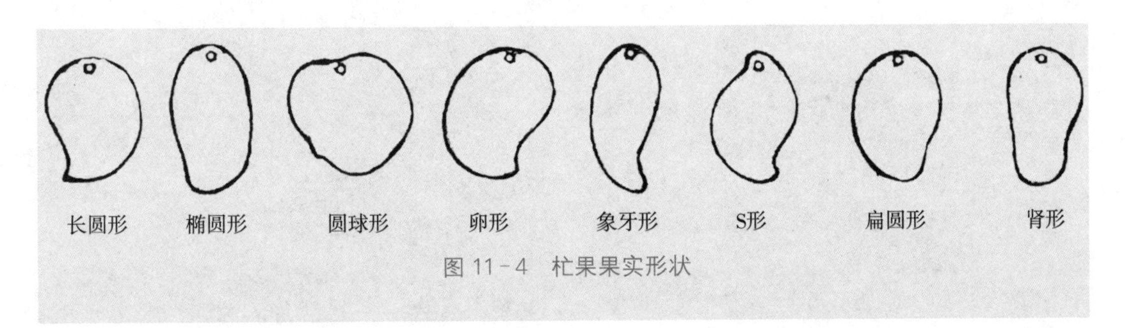

图11-4　杧果果实形状

3. 果基　平、广、圆、尖。

4. 果顶　平、广、钝圆、尖削。

5. 果皮

（1）色泽：绿、黄、橙黄、红黄等。

（2）厚度：薄、中、厚。

6. 果肉

（1）色泽：黄、橙黄、乳白、乳黄等。

（2）纤维：有、无，多、少。

（3）肉质：粗、中、细。

（4）汁液：多、中、少。

（5）风味：甜、酸、甜酸适度，浓厚、中等、淡薄。

（6）香气：有、无，浓厚、淡薄。

（7）可溶性固形物含量。

7. 种子

（1）大小：大、中、小。

（2）形状：椭圆形、长椭圆形、近圆形等。

（3）胚性：单胚、多胚。

作 业

1. 试列举杧果几个主要栽培品种的植物学特征特性的明显差异。
2. 记载主要杧果品种的果实性状，并加以比较。

（执笔人：陈杰忠）

实验12

葡萄主要品种的识别

目的要求

1. 从植株形态、花果性状识别葡萄主要品种的特征，为葡萄引种、建园及优质高产栽培奠定基础。

2. 培养学生认识鉴别葡萄品种的能力。

3. 观察葡萄主要品种树体地上部的植物学特征及生物学特性，来识别其主要品种及品种群，为学习葡萄栽培打下基础。

4. 通过观察与调查，能区别葡萄的主要品种，并能掌握其主要特征特性。

材料及用具

1. 材料 当地葡萄品种园或生产园中葡萄的主要品种。目前葡萄主要栽培品种有阳光玫瑰、夏黑、醉金香、巨峰、红富士、藤稔、京亚、峰后、京秀、京超、红瑞宝、黑奥林、先锋、白香蕉、京蜜、红地球、金手指等。

2. 用具 调查表、铅笔、水果刀等。

内容及方法

本实验可于休眠期和生长期分多次进行。观察时应注意不同品种的区别。

1. 葡萄是多年生蔓性果树，观察各品种树体结构的特点，主要包括主干、主蔓、侧蔓、结果母枝、结果枝、发育枝、副梢等。

2. 观察葡萄各品种芽的类型、形态特点、着生部位及萌发规律，主要包括冬芽、夏芽、主芽、副芽和潜伏芽。

3. 观察葡萄各品种卷须着生情况，连续或间歇着生；叶裂或全缘状况，叶背有无茸毛等。

4. 观察葡萄各品种果穗穗形、大小，果粒形状及着生紧密度、果粒色泽、果粉情况，果肉质地、是否有肉囊、果刷长短，果肉汁液多少、有无芳香、酸甜风味，成熟期早晚等。

作　业

1. 从哪些性状说明葡萄主要品种的结果习性具有明显区别。
2. 根据你所观察的葡萄品种，试述它们的果穗及果粒性状有何区别。

（执笔人：徐小彪）

实验 13

桃、李、梅的认识与识别

目的要求

根据桃、李、梅地上部分器官的形态特征，认识和区别这 3 种同科不同属的果树。

材料及用具

1. 材料 观察掌握桃、李、梅栽培品种代表植株的树形、枝干、芽、叶、花和果等器官的主要特征。

2. 用具 调查表、铅笔、水果刀等。

内容及方法

（一）共同特性

桃（*Amygdalus persica* L.）、李（*Prunus salicina* Lindl.）、梅（*Armeniaca mume* Sieb. et Zucc.）均为蔷薇科（Rosaceae）植物，分别为桃属、李属和杏属。桃、李、梅 3 种果树属于温带、亚热带落叶果树核果类。果实果顶突起、凹陷或平坦，有缝合线；外果皮薄，光滑、被果粉或有茸毛，中果皮为柔软多汁的果肉，内果皮由木质化的厚壁细胞组成，内有种子 1 粒，食用部分为中果皮。芽分为叶芽、花芽，外被鳞片；花芽比叶芽肥大，为纯花芽。

（二）主要形态特征

1. 桃 桃又名毛桃、普通桃。小乔木，树形开张，常有三主枝自然开心形、两主枝自然开心形、改良环形、纺锤形和主干形等树形结构。树干灰褐色；成熟枝向阳面暗紫红色，有光泽。叶芽瘦小，圆锥形；花芽大，卵圆形，被灰白色茸毛，1 花芽开 1 朵花，大部分品种为两性花，花瓣粉红色，较大。叶片长披针形或椭圆状披针形，叶柄短。果实呈圆形、扁圆形或圆锥形。变种蟠桃果面有茸毛，果实扁圆形，核小而圆；油桃果皮光滑，果实为圆形或圆锥形。果肉呈红色、白色、乳黄色或黄色，近核处呈鲜红色，多汁。

2. 李 中国李和欧洲李是世界上栽培最广的两个种。中国李为小乔木，欧洲李为中等乔木。树冠半开张，多呈自然开心形或圆头形，常整形成自然开心形、疏散分层延迟开心形等树形结构。树干黑褐色，新梢红褐色有光泽。芽小，多为复芽，通常是1个芽位上着生1个叶芽和1个花芽；叶芽具早熟性，且潜伏芽（隐芽）寿命较长（利于树冠更新复壮）；1花芽开2～3朵花，花多簇生，较小，白色，为单性花。叶片卵圆形或椭圆状卵圆形，叶缘常为复锯齿，叶质薄，叶面有光泽。果实呈圆形、长圆形或卵圆形，果皮黄色、红色、紫红色，果肉黄色和紫红色。

3. 梅 园艺学上把梅分为果梅和花梅（梅花）两大类。果梅品种又分为白梅类、青梅类和红梅类。小乔木，多分枝，开张，常有自然开心形、疏散分层形等树形结构。树干灰色或绿灰色，平滑。枝条细长，白梅类一年生枝浅绿色，嫩梢和幼叶黄绿色，成熟叶较小、较薄，浅绿色；青梅类一年生枝绿色，向阳面带暗紫红色，嫩梢和幼叶多呈黄绿色，成熟叶深绿色或绿色；红梅类一年生枝浅绿色，向阳面浅红色或红色，嫩梢和幼叶呈红色或紫红色，成熟叶浅绿色。叶片卵圆形至宽卵圆形，先端长、渐尖，基部楔形，叶缘有细锐锯齿，嫩叶两面被短茸毛后逐渐脱落，或仅在下面沿脉腋具短茸毛。1花芽开1朵花，大部分品种为两性花，香味浓，花瓣白色、浅红色。果实近圆形，果皮被柔毛。白梅类果未熟时浅绿色，成熟时呈黄白色，果型中等大；青梅类果未熟时青绿色或深绿色，向阳面偶有红晕，成熟时呈黄色，果型较大；红梅类果未熟时青绿色，向阳面多有红晕，成熟时黄绿色，果型大或小。果肉味酸少汁，不易与核分离，核卵圆形，具蜂窝状点纹。

作 业

列表记述桃、李、梅主要形态特征的异同点。

（执笔人：钟晓红）

实验 14

果树物候期观察

目的要求

果树物候期观察是了解果树生长发育规律的重要途径，也是制定果园周年管理措施的重要依据之一。通过实习要求熟悉果树物候期观察的项目和方法，并掌握当地几种主要果树在年生长周期的物候变化。

材料及用具

1. 材料　当地具代表性的树种品种，如常绿果树柑橘、枇杷、龙眼、荔枝等，落叶果树梨、苹果、桃、葡萄等。

2. 用具　钢卷尺、卡尺、放大镜和记载用具等。

内容及方法

物候期观察是周年进行的工作，本实验应在萌芽前做好准备工作。选代表性植株，做好标记，制定记载项目、标准和要求等。随着物候期的变化，按照物候期观察项目和标准进行观察记载。

（一）物候期观察记载的注意事项

1. 物候期记载项目的繁简应根据实际需要来确定：专题物候期研究的调查项目必须详细，一般情况下只观察主要物候期。本实验是一般物候期调查。

2. 根据物候期的进程速度确定观察间隔时间。萌芽至开花一般每隔 2～3d 观察一次，生长季的其他时间则可 5～7d 或更长时间观察一次。开花期进程较快，在有些地区须每天观察。

3. 在详细的物候期观察中，有些项目必须配合定期测量。例如，枝条的加长、加粗生长，果实体积的增加，叶片生长等，应每隔 3～7d 测量一次，画出曲线图，才能看出生长的高低峰节奏。有些项目需定期采集样品观察，例如花芽分化期应每3～7d取样切片观察一次。还有的项目需要统计数据，例如落果期调查，除目测外，还应调查落果百分率。

4. 物候期观测取样要注意地点、树龄、生长状况等方面的代表性。一般应选择生长健壮的树，植株在果园中的位置能代表全园情况。观察株数可根据具体情况确定，一般每品种3～5株。进行观察或测定的器官应处在有代表性的部位，挂牌标记，定期进行。

（二）物候期观察项目及标准

1. 苹果和梨

（1）开花、结果物候期：记载项目如表14－1所示。开花与结果物候期的标准：

①花芽膨大期：全树25%左右的花芽开始膨大，鳞片错开。

②花芽开绽期（开放期）：鳞片裂开，露出绿色叶尖。

③花序露出期：花芽外层鳞片脱落，中部出现卷曲状莲座叶，花序已可看见。

④花蕾分离期：花梗明显伸长，花蕾彼此分离。

⑤初花期：全树5%的花开放。

⑥盛花期：全树25%的花开放为盛花始期，50%的花开放为盛花期，75%的花开放为盛花末期。

⑦落花期：全树有5%的花脱落为落花始期，95%的花脱落为落花终期。

⑧坐果期：正常受精的果实直径达0.8cm左右时为坐果期。

⑨生理落果期：幼果开始膨大后出现较多数量幼果变黄脱落时为生理落果期。

⑩果实着色期：果实开始出现该品种固有的色泽，无色品种由绿色开始变浅。

⑪果实成熟期：全树有50%的果实在色泽、品质等方面具备了该品种成熟时的特征，采摘时果梗容易分离。

表14－1 苹果、梨开花结果物候期记载表

品种	日期	记载内容										
		花芽膨大期	花芽开绽期	花序露出期	花蕾分离期	初花期	盛花期	落花期	坐果期	生理落果期	果实着色期	果实成熟期

填表人：________

（2）萌芽、新梢生长、落叶物候期：记载项目如表14－2所示。萌芽、新梢生长、落叶物候期的标准：

①叶芽膨大期：同花芽标准。

②叶芽开绽期：同花芽标准。

③展叶期：全树萌发的叶芽中有 25%展开第一片叶。

④新梢开始生长：从叶芽开放长出 1cm 新梢时算起。

⑤新梢停止生长：新梢生长缓慢停止，没有未展开的叶片，顶端形成顶芽。

⑥二次生长开始：新梢停止生长以后又开始生长。

⑦二次生长停止：二次生长的新梢停止生长。

⑧叶片变色期：秋季正常生长的植株叶片变黄或变红。

⑨落叶期：全树有 5%的叶片脱落为落叶始期，25%的叶片脱落为落叶盛期，95%的叶片脱落为落叶终期。

表 14-2　苹果、梨萌芽、新梢生长、落叶物候期记载表

品种	日期	记载内容								
		叶芽膨大期	叶芽开绽期	展叶期	新梢开始生长	新梢停止生长	二次生长开始	二次生长停止	叶片变色期	落叶期

填表人：________

2. 桃　记载项目和标准与仁果类基本相同。由于核果类是纯花芽，花芽物候期略有不同。无花芽开绽期、花序露出期及花蕾分离期，但有露萼期和露瓣期。记载标准如下：

（1）露萼期：鳞片裂开，花萼顶端露出。

（2）露瓣期：花萼绽开，花瓣开始露出。

3. 葡萄　记载项目和标准与仁果类大致相同。但需要增加伤流期和新梢开始成熟期。记载标准如下：

（1）伤流期：春季萌芽前树液开始流动，新剪口流出大量液体呈水滴状时为伤流期。

（2）新梢开始成熟期：当年新梢第 4 节以下的部分表皮已呈黄褐色即为新梢开始成熟期。

4. 柑橘　柑橘是常绿果树，无落叶期，其枝梢生长及花芽分化、开花结实的特性与落叶果树不同，物候期的记载项目和标准也因此不同。具体如下：

（1）萌芽期：芽体伸出苞片时称萌芽期。柑橘因树龄及地区不同而有 1 至多次的萌芽期及随后的抽梢期和顶芽自剪期。

（2）抽梢期：萌芽后新梢第 1 片幼叶张开，出现茎节时。

（3）顶芽自剪期：新梢伸长到一定程度时停止生长，顶芽自行脱落。

（4）花蕾期：花蕾长大到肉眼能看出时称现蕾期，现蕾到开花前称花蕾期。

（5）开花期：花瓣展开能窥见雌雄蕊时称“开花”，全株 5%的花开放为初花期，

25%～75%的花开放为盛花期，75%～95%的花开放为末花期，接着就是谢花期。

（6）果实生长发育期：谢花后子房膨大起到果实成熟止称果实生长发育期。在此期间可出现：

①第一次生理落果期：果实连果柄脱落。

②第二次生理落果期：果实不带果柄脱落。

达果实成熟时果皮已转为该品种固有色泽，糖酸比达一定标准，并具有该品种固有的风味和质地。

（7）花芽分化期：春梢或夏秋梢上的营养芽转变为花芽的全过程。通过解剖能识别其进入分化初期时起，到雌蕊分化完全止。

作 业

选定1～2个落叶果树或常绿果树的树种，进行周年物候期观察，最后整理出物候期观察结果，并进行分析。

（执笔人：李娟）

实验15

果树树体结构与枝芽类型的认识

目的要求

认识果树树体结构及各部分的名称，了解果树枝芽的类型和特性，为学习果树生物学特性打下基础。

材料及用具

1. 材料　柑橘、枇杷、荔枝、杧果、苹果、梨、桃、李等果树植株。

2. 用具　皮尺、钢卷尺、修枝剪、放大镜、绘图用具等。

内容及方法

（一）树冠结构观察

由根部与地上部连接部位开始观察树冠各部分。

1. 根颈　地上部与地下部的交界处称为根颈。

2. 主干　地面至第一主枝称为主干。主干直立向上，支持树冠向空中发展。主干延长成为树冠中轴者称为中心干。具主干者为乔木。

3. 主枝、副主枝　由主干上直接分生构成树冠的骨干枝称为主枝，由主枝再分生出来的骨干枝称为副主枝。

4. 侧枝、枝组　从主枝、副主枝上发生的小枝称为侧枝，当年生的称为新梢。自侧枝分生许多小枝而形成的枝群称为枝组或侧枝群。

（二）枝条的类型

果树栽培上应用的枝条类型名称很多，常因不同果树而异。

1. 按抽生的季节分类　春梢、夏梢、秋梢、冬梢。如亚热带果树柑橘、枇杷、荔枝、龙眼等多采用此类名称。

2. 按一年中抽生连续次序分类 一次枝、二次枝、三次枝。如桃、柑橘等均有此类枝梢。

3. 按枝条不同性质分类

（1）生长枝：又称营养枝、发育枝。因生长势和充实度不同，又分为普通生长枝、徒长枝、细弱枝、中间枝或叶丛枝等。某些果树如枣、余甘等有的枝条随同叶片脱落，称脱落性枝。

（2）结果枝：

①依结果枝年龄分类：一年生结果枝，即当年抽生的枝梢上开花结果者，如柑橘、梨等；二年生结果枝，即去年生枝条上开花结果者，如桃、李等；多年生结果枝，即在老枝干上直接开花结果者，如阳桃、波罗蜜等。

②依结果枝长短分类：长果枝、中果枝、短果枝、短果枝群、花束状果枝以及果台等。

（3）结果母枝：在枝条上能发生结果枝者称结果母枝。不同果树形成结果母枝的枝条不同，如柑橘类有的以春梢为主要结果母枝，有的则以夏、秋梢为主要结果母枝。

观察树冠形态结构时注意枝条生长的极性、分枝级数、树冠的层性，以及因这些特性而构成不同的树冠形态。

（三）芽的类别与形态

1. 按芽发生位置分类 ①定芽，如顶芽、腋芽；②不定芽，其他非节位或根上发生的芽。

2. 按芽的性质分类 ①叶芽和纯花芽，如核果类；②混合芽，如仁果类、柑橘、柿等。

3. 按同一节所生芽数分类 ①单芽，即在同一节上仅有 1 个明显的芽，如仁果类、枇杷等；②复芽，在同一节上具有 2 个以上明显的芽，如桃、李等。

4. 按芽有无鳞片分类 ①被芽：大部分落叶果树的芽，外被鳞片保护，以便越冬；②裸芽：常绿果树和某些落叶果树的夏芽，不具鳞片或鳞片很小。

5. 按芽能否按时萌发分类 分为活动芽、休眠芽、隐芽（潜伏芽）和盲芽。

观察时注意芽的萌发力、成枝力、早熟性、枝条恢复力和芽的自剪等特性；注意枝条不同位置的芽，由于内部营养与外部环境不同而形成芽的异质性；因为上芽的特性而形成的枝条和树冠结构的变化。

不同果树花芽或混合芽着生常有一定的位置，顶生的如仁果类、枇杷等；腋生的如核果类、葡萄、无花果等；顶芽、腋芽并生的如柑橘、柿、核桃、荔枝、龙眼、橄榄以及梨、苹果的部分品种。

作 业

1. 绘制桃、梨不同类型的营养枝与结果枝图，注明各芽体名称。
2. 比较梨和桃或李各类型结果枝的异同。

（执笔人：李娟）

实验 16

果树树冠体积及叶面积系数的测定

目的要求

学会测定树冠体积及叶面积指数的方法。

材料及用具

1. 材料 苹果、梨、柑橘或其他果树。

2. 用具 $1/8m^3$ 铁丝方框、粗天平、方格叶面积测量板或其他测叶面积仪器。

内容及方法

(一) 树冠体积的测定

选不同类型树冠的植株（苹果、梨、柑橘或其他果树）测量树高及冠径，按下列公式求其树冠体积。

1. 半圆形

$$V=\frac{\pi D^2}{8}L$$

2. 扁圆形

$$V=\frac{4}{3}a^2b\pi$$

3. 圆锥形

$$V=\frac{\pi D^2}{12}L$$

式中，V 为体积，D 为冠径，L 为树高，$a=\frac{D}{2}$，$b=\frac{L}{2}$，$\pi=3.141\,6$。

体积求出后扣除光秃带体积。

（二）叶面积指数及树冠投影叶面积指数的测定

选苹果、梨、柑橘或其他果树一株，在树冠内叶片疏密度具有代表性的部位，用 $1/8m^3$ 铁丝方框（用 8 号铁丝做长、宽、高各边皆为 1/2m 的相互挂钩折叠式方框，见图 16－1）量取一方框叶片，将框内叶片全部摘下，立即称其重量，再从其中随机取出 20g 叶片，用方格叶面积测量板（一般用大小为 30cm×20cm 的玻璃或透明塑料板制作，上面画有 $1cm^2$ 的方格，见图 16－2）或其他测叶面积仪器测出叶面积。以此 20g 叶片的重量面积比求出框内全部叶片的叶面积，再以此 $1/8m^3$ 叶片的叶面积与全树树冠体积的比求出全树叶面积。

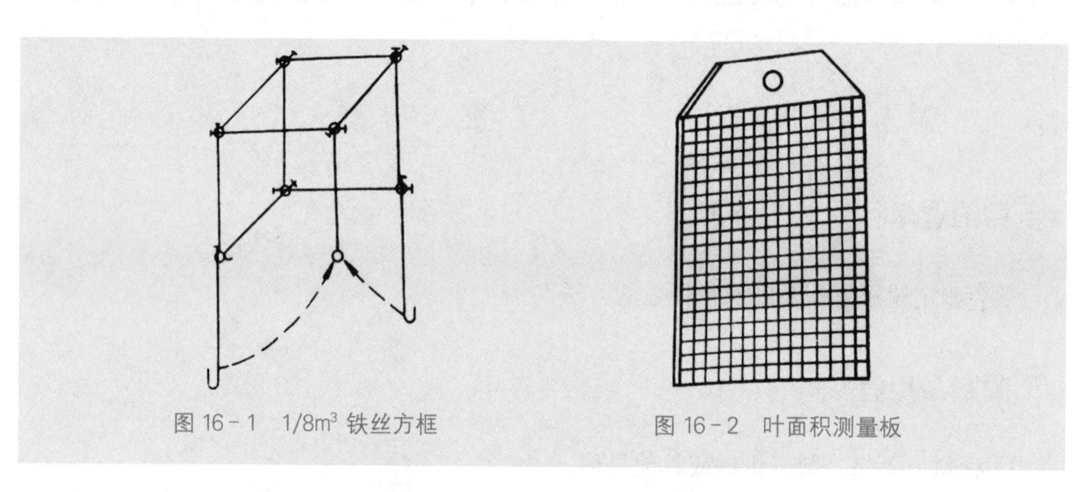

图 16－1 $1/8m^3$ 铁丝方框　　图 16－2 叶面积测量板

全树叶面积与该树行距乘株距的土地面积之比，即叶面积系数。

全树叶面积与该树树冠投影面积之比，即树冠投影叶面积系数。

两种系数的计算公式如下：

$$叶面积系数=\frac{单株叶面积}{株距\times 行距}$$

$$树冠投影叶面积系数=\frac{单株叶面积}{(树冠半径)^2\times\pi}$$

$$\pi=3.141\ 6$$

作　业

1. 树龄相同，而树形不同，树冠体积大小有何不同？

2. 试述影响叶面积系数的因素，分析叶面积系数与树冠投影叶面积系数的差数与树龄及株行距大小的关系。

（执笔人：李娟）

实验 17

果树花芽分化的观察

目的要求

了解花芽分化的时期、各期特征及其观察方法。

材料、试剂及用具

1. 材料 桃或柑橘的花芽及其花芽分化各阶段的切片。

2. 试剂 固定液、乙醇、二甲苯及染料等。

3. 用具 刀片、载玻片、盖玻片、镊子、培养皿、解剖刀、染色缸、温箱、温水台、显微镜等。

内容及方法

（一）观察内容

观察花芽在未分化期，分化期，花萼、花瓣、雄蕊及雌蕊等形成期的特征。以桃或柑橘为例，简介各期特征如下：

1. 桃的花芽分化

（1）未分化期：芽内生长点狭小，鳞片紧包。

（2）分化初期：生长点膨大、突出。

（3）萼片形成期：生长点半球形，周围产生 5 个小突起，为萼片原始体。

（4）花瓣形成期：在萼片原基内侧基部相继出现 5 个突起，为花瓣原始体。

（5）雄蕊形成期：在花瓣原始体内侧基部产生的突起，为雄蕊原始体。

（6）雌蕊形成期：在花蕾原始体中央向上形成的突起，为雌蕊原始体。

2. 柑橘的花芽分化

（1）未分化期：生长点顶端尖且小，鳞片紧包。

（2）分化前期：生长点顶端逐渐由尖变圆，再变平变宽，鳞片开始松包。

（3）鳞片形成期：生长点显著长高，两侧突起，先端稍尖，出现花萼原始体，鳞片完全松开。

（4）花瓣形成期：在花萼原始体内侧基部产生的突起，为花瓣原始体。

（5）雄蕊形成期：在花瓣内侧显现的突起，为雄蕊原始体。

（6）雌蕊形成期：在花蕾原始体中央部分突出，产生雄蕊原始体。

（二）观察方法

1. 采芽　桃、梨等落叶果树在全树基本停梢后采芽。长江流域一般从6月下旬开始，每隔7～15d采芽一次，直到10月下旬为止或更迟些。柑橘从10月开始采芽，到次年开花前为止。桃采集树冠外围长枝中部的芽，柑橘采集优良结果母枝顶部的芽。每次最少采20个芽。

2. 制片　制片的方法很多，在此介绍徒手切片法和石蜡切片法两种方法。

（1）徒手切片法：该方法简便且应用广泛。具体做法如下：

①固定：将采集到的芽放入F.A.A.固定液（配方：福尔马林5mL、冰醋酸5mL、70%或50%乙醇90mL）中固定，不能马上进行固定的材料可先用70%乙醇保存。如果采芽后立即观察，则不需固定。

②切片：将要切片的芽，先剥去外面的鳞片，夹住枝条，将芽伸出2～3mm，然后由芽的基部向顶端纵切。切片时要求用力均匀、平稳，切片薄且完整，呈透明状。切下的切片放在培养皿的水中，待切到一定数量时，选择几片薄且完整的切片，用镊子轻轻移到载玻片上。

③染色：在切片上滴一滴番红，立即用清水冲淡，即可放在显微镜下观察。

（2）石蜡切片法：常用的石蜡切片法，一张切片的完成要经过下列步骤。

①固定：切取植物组织后，应将其迅速杀死及固定，使其保持原来的形态结构。在固定过程中，因目的不同，所选用的固定剂也不同。一般常用F.A.A.固定剂，这种固定剂可用以固定植物的一般组织，但用作细胞学上的固定则不如其他一些专用的固定剂。固定时间为48h或以上。

如材料在药液中不下沉，可用抽气法抽去材料中的空气。

②洗涤：目的是洗净固定液，防止固定液留在标本里损坏组织，影响染色及以后各项操作过程的顺利进行。

③脱水与透明：浸蜡前必须将组织中的水分脱去，其目的是：①完全除去水分，使其他药品如二甲苯、氯仿等易于渗入组织中。②使材料变硬，形状稳定。脱水必须缓慢进行，以免细胞收缩。常用乙醇作脱水剂。材料在脱尽水分以后，还要经过一种既能与脱水剂又能与包埋剂（如石蜡）相混合的溶剂来处理，以利于包埋剂的渗入。由于这种溶液能使材料清净透明，故这个步骤称为透明。常用的透明剂有二甲苯。脱水与透明的步骤如下：

a. 50%乙醇处理2～6h或6h以上。

b. 70%乙醇处理2～6h或6h以上。

c. 85%乙醇处理2～6h或6h以上。

d. 95%乙醇处理 2～6h 或 6h 以上。

e. 无水乙醇处理 1～2h。

f. 1/2 无水乙醇+1/2 二甲苯处理 2～3h。

g. 二甲苯处理 2～3h。

④浸蜡：浸蜡的目的在于除尽材料中的二甲苯（或其他透明剂）而代之以石蜡，使石蜡在一定的温度下完全浸入细胞的每个部分，待石蜡冷却后，便可切片。步骤是：先将石蜡切成小块或薄片，取少许放入含有材料的透明剂中，使其随着透明剂渗入细胞内，通常将其放入 36～40℃的恒温箱中，并不断加入石蜡，直达 1/2 的透明剂和 1/2 石蜡为止，经 1～2d 后，视所用石蜡的熔点而定移入 52～56℃的恒温箱中，并打开瓶塞，使二甲苯挥发，放置数小时后将材料投入盛有已熔化的石蜡杯中，放置数小时后换一次纯石蜡，再经 8～12h，浸蜡完毕。

⑤包埋：浸蜡完毕的材料，即可包埋。将已浸蜡的材料放于用硬纸折成的盛有熔化石蜡的小盒中，务必使材料均匀撒开并排列整齐。因此在包埋过程中，要用烧热的拨针来拨动材料。为了使石蜡迅速凝固，可先将小盒平放在冷水面上，待石蜡表面凝结后，立即将小盒浸入冷水中。

⑥切片：将包埋的材料切成长方体柱形或正方体形小块，将蜡的一端与小木块或其他金属块的一端共同加热，使黏结在一起，固定在切片机上。要注意切片刀的安装角度及切片厚度的调节，安置妥当后，即可连续切片。

⑦黏着：将切下的带状材料放在显微镜下检查，去掉不合适的材料，然后将理想的材料黏着在载玻片上。常用的黏着剂是蛋白甘油黏着剂，其配方如下：蛋白 50mL，甘油 50mL，香酚（或水杨酸钠）1g。再将载玻片移放到温水台（保持 43℃左右）上，使石蜡切片受热而伸展变平，并进一步让其充分干燥。

⑧去蜡、染色、脱水及透明：将切片中的石蜡脱去以备染色，常用的去蜡剂为二甲苯。染色能使人们发现植物细胞或组织中在一般状况下不能看见或不很明显的部分，常用番红和固绿双重染色法。

从去蜡至透明的过程如下：

a. 蜡片经黏着剂黏在载玻片上，然后放入二甲苯中脱蜡约 5min。

b. 经 1/2 二甲苯+1/2 100%乙醇 1min 左右。

c. 100%、95%、85%、70%、50%乙醇中各 1min。

d. 1%番红乙醇（50%～70%）溶液染色 6～24h。

e. 水洗。

f. 用 50%乙醇分色，同时洗去多余的染料。

g. 经 70%、85%、95%乙醇脱水各约 1min。

h. 滴染 1%固绿乙醇（95%～100%）溶液 30s。

i. 用 100%乙醇分色。

j. 经 100%乙醇→1/2 乙醇+1/2 二甲苯→二甲苯，重复 1 次，每次 1～2min。

⑨封固：切片脱水、透明后，将玻片各处擦干净，滴一滴加拿大胶于切片材料上，然后用镊子将擦净的盖玻片徐徐放下，使切片内无气泡。封固后的玻片必须平放 1 至数天，

使胶干燥。

⑩标志：切片做妥后，在切片的右下角标明切片名称，放入切片盒内保存，以便随时观察。

作 业

1. 绘桃（或柑橘）花芽分化各期特征图，并注明各部分名称。
2. 练习制作徒手切片，要求完成桃（或柑橘）花芽切片一张。

（执笔人：周碧燕）

实验 18

果树根系形态和结构的观察

目的要求

观察果树根系的形态和结构，了解根系在土壤中的水平和垂直分布特征，认识育苗方式和土壤改良对果树根系生长发育的影响。

材料及用具

1. 材料 主要供试材料为果园里生长正常的木本成年果树（柑橘、苹果、梨、桃皆可），辅助材料是标本室保存的木本成年果树的完整根系标本。

选择经过深翻改土的果园和未经过深翻改土的果园各 1 个进行对比，用于说明土壤改良（深翻改土）对果树根系生长发育的影响；选择种植嫁接苗的果园和种植扦插苗（或其他自根苗）的果园各 1 个进行对比，用于说明育苗方式对果树根系生长发育的影响。

2. 用具 铁锹、坐标纸、皮尺、钢卷尺、卡尺、量角器、铅笔、铁钉、绘图板、方格框等。

内容及方法

1. 根系分布观察 分别在深翻改土及未经深翻改土的果园中各选一株树，在树冠外缘垂直线下各挖一个长 70～120cm、宽 60cm、深 60cm 的土坑。靠根系的一面削平呈纵剖面，将事先制好的方格框（框内面积为 50cm×100cm 或 50cm×50cm，每隔 5～10cm 用铁丝或棉线交叉织成网框），然后用铁钉将方格框垂直固定在土壤的剖面上，方格框上沿与地表平行。用卡尺测量每方格框内根的粗度。按照根系在方格框中的分布位置，以不同图例表示不同径粗的根，把根系描绘在坐标纸上。最后统计离树干不同距离以及不同土层深度中不同径粗的根的比例，从而比较土壤改良对果树根系分布的影响。

2. 根系结构观察 将标本室内陈列的果树根系，按根系在土壤中的自然生长状态加以固定；或挖取适当大小的果树一株，用流水冲洗法将果树根系冲洗干净。在处理过程中尽量保存较完整的根系结构，并将其主根、侧根、须根按比例绘图，注明根系各部位的名称。另找一部分须根，分辨其中的生长根、吸收根、过渡根和输导根，明确各种根的特征和主要功能。

作 业

1. 试绘所观察的果树的根系结构图，并注明根系各部分的名称。
2. 绘制从土壤纵剖面观察到的根系分布图，并统计不同径粗根系的空间分布特征。
3. 分析育苗方式和土壤改良对根系生长的影响，并讨论果园土壤管理中针对不同类型苗木如何为其根系生长创造良好的土壤环境条件。

（执笔人：姚青）

实验 19

果树根系活力的测定

目的要求

果树根系的活力直接影响根系对水分和养分的吸收能力。在逆境条件下，如水涝、干旱、土质瘠薄或树体营养亏缺，果树根系的生长受到影响，活力下降，对水分和养分的吸收受到削弱，进而影响树体的生长发育和产量品质。因此，通过测定果树根系的活力，可以了解根系生长情况，为培育良好的果树根系和保障健康的树体生长提供依据。本实验主要学习测定根系活力的方法。

材料、试剂及用具

1. 材料 果树根系。

2. 试剂 α-萘胺溶液：称取 10mg α-萘胺，先用 2mL 左右的 95%乙醇溶解，然后加水定容至 100mL，得到 100mg/L 母液。取此母液 1 份，加 3 份水稀释，即为 25mg/L 的 α-萘胺溶液。

3. 用具 滤纸、烧杯、移液管、容量瓶等。

内容及方法

本实验采用 α-萘胺氧化法测定果树根系活力。

吸附在根表面的 α-萘胺能够被植物根系的过氧化物酶氧化，生成红色的 α-羟基-1-萘胺，沉淀于根表面。因此，具有过氧化物酶活性的根系被染成红色，其反应如下：

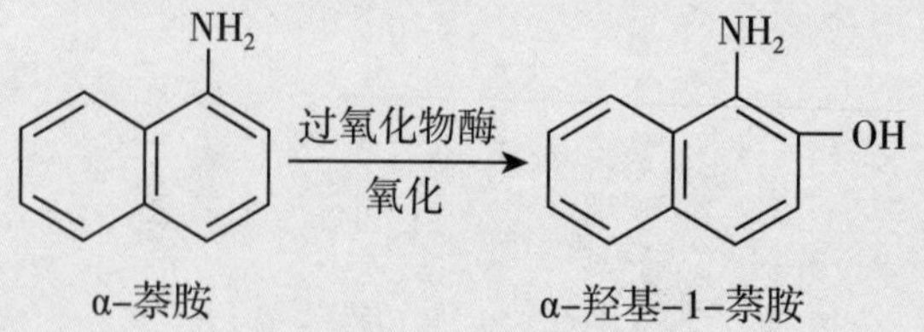

NH_2 过氧化物酶 氧化 NH_2 OH

α-萘胺 α-羟基-1-萘胺

根对α-萘胺的氧化能力与其呼吸强度密切相关，其本质是过氧化物酶的催化作用。根系活性越强，根中过氧化物酶的活性越强，对α-萘胺的氧化力越强，染色也就越深。所以，可以根据染色的深浅来定性地判断根系活力的强弱。

具体测定方法步骤如下：

1. 采集根样 采集生长在较好环境条件下的果树根系的须根，以及生长在水涝、干旱或特别瘠薄的土壤中的果树根系的须根，用水冲洗掉根部所附的泥土。

2. 根系活力的定性观察 用滤纸吸去洗净的根系上附着的水，然后将根系浸入盛有α-萘胺溶液（浓度为25mg/mL）的烧杯中，烧杯的外面用黑纸包裹，静置24～36h后观察根系的红色着色状况。着色深的根系比着色浅的根系活力更强，以此为依据比较水涝、干旱或者土质瘠薄等环境条件对根系活力的影响。

作 业

根据从各种环境中采集的根系的着色情况，分析不同的根系生长条件对根系活力的影响，了解不同土壤障碍因子对果树生长可能产生的影响。

（执笔人：姚青）

实验 20

果园土壤改良技术

目的要求

通过施用有机肥、生草栽培、秸秆覆盖等土壤管理措施进行果园土壤的改良，了解果园土壤改良的几种主要技术方法，认识土壤改良对果园土壤质量和树体生长的影响。

材料及用具

1. 材料 选择一个果树行距较大、存在一定土壤障碍的成年果园，有机肥，本地主要作物的秸秆等。

2. 用具 铁锹、锄头、土钻、钢卷尺、土壤养分速测仪、土壤温度传感器等。

内容及方法

1. 土壤改良的实施 在选定的果园中划分 4 个实验小区，每个小区面积至少 667m^2。3 个小区分别进行施用有机肥、生草栽培、秸秆覆盖等 3 种土壤管理措施，另 1 个小区作为对照，按照常规管理进行清耕。施用有机肥的小区沿树冠滴水线外 20cm 处开施肥沟，宽 20～30cm、深 20～40cm，施有机肥 5～10kg；生草栽培的小区采用自然生草法，即保留果树行间的自然杂草，注意清除恶性杂草，并在自然杂草高度达到 40～50cm 时进行刈割，割下的草覆盖在树盘上，刈割在雨季和果树幼果膨大期尤其重要；秸秆覆盖的小区在行内（包括树盘）覆盖作物秸秆，厚度 5～10cm，行间可以自然生草并辅以刈割。

2. 土壤理化指标测定 在进行土壤改良两年之后，或者选择进行了上述土壤改良措施达两年的果园，用土钻在树冠滴水线外侧取 4 个土柱，取样深度分别为 0～20cm 和 20～40cm，带回实验室，烘干法测定含水量、土壤容重，测定土壤 pH、氮磷钾含量、有机质含量等；另外，在果园表土下 10cm 深度原位埋设土壤温度传感器，检测土壤温度动态，测定土壤最低温度、最高温度、平均温度等。

3. 土壤改良的效果评价 汇总测定的各项指标，以常规管理为对照，比较不同土壤改良措施对土壤疏松程度、有机质含量、保水性、各养分含量、酸碱性、温度（尤其是极端温度）的影响。另外，用钢卷尺等测量新梢生长量、新梢数量等，调查花果发育和产量等数据，了解不同土壤改良措施对树体生长和产量的影响。

作 业

1. 比较3种果园土壤改良措施对土壤理化性状的影响。
2. 比较3种果园土壤改良措施对果树树体生长和产量的影响。
3. 综合运用所学的土壤学、植物营养学、果树栽培学等知识，分析不同果园土壤改良措施影响土壤肥力和树体生长的原因。

（执笔人：姚青）

实验 21

主要果实类型的认识及构造观察

目的要求

了解主要果树的果实类型、形态和解剖结构，认识可食部分与花器官各部分发育的关系，掌握各类果实的主要特点，为学习果树分类打下基础。

材料及用具

1. 材料　选用桃、李、枣、杨梅、橄榄、杧果、梨、苹果、枇杷、葡萄、猕猴桃、柿、番木瓜、香蕉、柑橘、甜橙、柚、荔枝、龙眼、菠萝、山核桃、核桃、板栗等果实。

2. 用具　水果刀、镊子、放大镜、绘图用具等。

内容及方法

先观察果实外部形态，然后分别从果实中部横切和纵切，从横切面和纵切面详细观察内部构造，并取出种子解剖观察，指出各部分的植物学名称。

果树的果实按形态结构主要分为以下几种类型：

1. 核果类　核果类（drupe fruit，stone fruit）的果实由子房发育而成，植物学上称为真果（true fruit）。真果的结构比较单纯，外为果皮，内含种子。果皮是由子房壁发育而成，可分为外果皮（exocarp）、中果皮（mesocarp）、内果皮（endocarp）3 层。常见的有桃、李、杏、梅、樱桃、枣等落叶果树及杨梅、橄榄、油橄榄、乌榄、杧果等常绿果树的果实。

桃、李、杏、梅、樱桃，子房着生的花托之上，故称子房上位。由 1 个心皮的子房发育而成。子房外壁形成外果皮，光滑而薄，有茸毛或无毛或有蜡被；子房中壁发育成柔软多汁的中果皮，为果肉；子房内壁形成木质化、坚硬的内果皮，为果核，核内有 1 粒种子。食用部分是中果皮。

杨梅，食用部分是外果皮、中果皮，是由子房壁特化的外壁腺毛状细胞发育而成的囊状突起，称为肉柱。肉柱有长短、粗细、尖钝、硬软之分，这主要决定于品种特性，亦与树龄不同、结果多少、土壤肥瘠、雨水多少、成熟度及植株上坐果部位有关。在一般情况下，若杨梅果实肉柱呈圆钝形，则柔软多汁，风味佳良；反之，若果实肉柱头尖而硬，则结构致密，较耐贮运，但汁少且风味差。内果皮为坚硬果核壳，核内种仁无胚乳（endosperm），只有肥厚、松软、蜡质的子叶（胚 embryo）。

橄榄、油橄榄、乌榄，子房上位，由2～3个心皮的子房发育而成。子房外壁发育成光滑的外果皮，子房中壁发育成质脆的中果皮，子房内壁发育成坚硬的内果皮。果核两端锐尖或钝，有种子1～3粒。食用部分为中、外果皮。

2. 仁果类 仁果类（pome fruit）的果实，除子房以外，大部分由花托、花萼等花器官参与发育而成，植物学上称为假果（spurious fruit）。常见的有苹果、梨、花红、海棠果、山楂、榅桲等落叶果树及枇杷、木瓜等常绿果树的果实。

梨、苹果，从花的结构来看，子房着生于杯状花托内，故称子房下位。果实由含4～5个心皮的子房和花托、花萼发育而成，每个心室有1～2粒种子。花托发育成肉质果肉，子房发育成果心，萼筒由花萼形成。子房外壁和中壁分别发育成为肉质薄壁组织的外果皮和中果皮，子房内壁发育成革质的内果皮，外、中、内3层果皮仍能区分。果实切开可见果心线（core line），它是外果皮与花被组织之间的界线。果心线外侧果肉薄壁细胞间分布有花瓣维管束和萼片维管束，内侧果肉薄壁细胞间分布有心皮背维管束（dorsal bundle）和腹维管束（ventral bundle）。胚珠发育成种子。种子倒卵形、微扁，种皮为深褐色或棕色，子叶白色。食用部分是花托及外、中果皮。

枇杷，子房下位，果实由含5个心皮的子房和花托、花萼发育而成。每个心室有2个胚珠，但受精的胚珠不一定都能发育成种子，中途有的退化、有的冻死，成熟果中含1～4粒种子，多的5～8粒。种子特肥大，主要是两片子叶，胚很小。食用的果肉由花托形成，萼筒由花萼形成，子房壁发育成包围在种子外的内膜。内膜由5个心皮构成的5个心室组成。

3. 浆果类 浆果类（berry fruit）的果实是由子房或子房与其他花器一起发育成柔软多汁的真果或假果。主要包括葡萄、猕猴桃、醋栗、无花果、石榴、树莓、柿、阳桃、番木瓜、人心果、番石榴、蒲桃、香蕉、西番莲等果树的果实。

葡萄，子房上位，果实是由2～3个心皮的子房发育而成的真果。子房外壁发育成膜质外果皮，子房中壁、内壁发育成柔软多汁的果肉（中、内果皮）。果实中有种子或无，种皮较硬。食用部分为中、内果皮。

猕猴桃，子房上位，果实是由30～45个心皮的子房发育而成的真果，从外向内依次包括果皮、果肉、种子和中轴胎座等结构。心皮呈放射状排列，每心皮内有10～45个胚珠，胚珠着生在中胎座上，一般形成2排。每果种子数一般为200～1 200粒。种子黄褐色，多而细小，扁卵圆形，种皮稍韧。子房外壁发育成革质外果皮，子房中壁、内壁发育成柔软多汁的果肉（中、内果皮）。可食部分为柔软多汁的中、内果皮和中轴胎座。

石榴，子房下位，果实是由6个心皮的子房发育而成的假果。心室间由极薄的膜分隔，每室内有许多籽粒（种子）。石榴的果皮革质化较厚，由子房壁和萼筒、部分花被共同发育而成。又因萼筒前端分裂为 5～8 个萼片，萼片宿存，故使得石榴圆球形果实的顶端具有类似皇冠的独特结构，整体酷似洋葱头。石榴种子的外、中种皮为肉质层，为食用部分。

柿，子房上位，果实是由 8～12 个（多数 8 个）心皮的子房发育而成的真果。外果皮薄，中果皮柔软多汁，内果皮肉质较韧，种子 0～8 粒，具白色胚乳。萼片大、宿存，成熟后称柿蒂。食用部分为中、内果皮。

番木瓜，子房上位，果实是由 5～10 个心皮连生成单室的子房发育而成的真果。外果皮革质，中、内果皮柔软多汁，侧膜胎座着生多数黑色或褐色种子。种子圆形，种皮有皱纹，外包一层半透明胶质假种皮。食用部分为中、内果皮。

香蕉，子房下位，果实是由 3 心皮的子房及花托发育而成的假果。花被发育成果皮，子房壁和胎座发育为果肉。栽培种一般无种子。食用部分为子房壁和胎座。

4. 柑果类　柑果类（hesperidium）的果实是由多心皮子房发育形成的真果，从外向内依次包括黄皮层（flavedo）、白皮层（albedo）、瓤囊（也称为囊瓣或橘瓣）、种子及中心柱等结构。黄皮层为外果皮，由具蜡质的外表皮层和紧实的亚表皮层组成，其间分布油腺，细胞含油泡。白皮层为中果皮，细胞间隙大，还有一些通气组织（aerenchyma），中间分布有维管网络。柠檬、柚、酸橙等柑果的外果皮厚，不易剥离；甜橙的外果皮中厚，难剥离；宽皮橘等柑果的外果皮较薄，容易剥离。瓤囊围绕中心柱而生，之间由中隔（partition）分开。瓤囊内包含种子和汁胞（juicy sac）。汁胞也称为汁囊或砂囊，为多细胞棒状，内含汁液和色素，幼果期为绿色，成熟时转为橙黄色或橙红色。柑果的中心柱由果柄延长到果顶，与瓤囊胎座附近组织结合在一起。中心柱上着生心皮和瓤囊，并分出心皮维管束通向果实各个部位。种子紧靠中心柱着生在瓤囊内，为中轴胎座。每个瓤囊内有数粒种子。常见的有柑橘、甜橙、酸橙、柠檬、柚、枸橼、葡萄柚、四季橘等常绿果树及枳等落叶果树的果实。

柑、橘或橙，子房上位，果实由 8～15 个心皮的子房发育而成。子房外壁发育成外果皮即油胞层，子房中壁发育成中果皮即海绵层（白皮层），子房内壁发育成内果皮（囊瓣），囊瓣内含砂囊（汁胞）和种子。果实成熟时果皮呈黄色、橙黄色或橙红色。种子多粒，亦有无核者。种皮革质，单胚或多胚，子叶绿色或白色。食用部分主要是内果皮表皮毛发育而成的汁胞。

5. 荔枝果类　荔枝果类（litchi fruit）的果实是由上位子房发育形成的真果，果实外皮由革质化的外果皮和中果皮组成，内果皮发育成为一层薄膜，包着果肉。其食用部分是肥大肉质多汁的假种皮。常见的有荔枝、龙眼、韶子等常绿果树的果实。

荔枝，子房上位，果实由 2 个心皮的子房发育而成。心室常 1 室退化，另 1 室发育成果实。子房壁发育成果皮，果肉为假种皮，由珠柄发育形成。果肉内藏种子 1 粒，褐色。种皮革质，大而饱满到小而干瘪。果实圆球形、长圆球形、心形、扁心形、卵形等，果皮浅红色、鲜红色到深红色，具龟裂片。食用部分为假种皮。

6. 聚复果类　聚复果类（multiple fruit）常见的有菠萝、波罗蜜、面包果、番荔枝等果树的果实。

菠萝，花序为头状花序，由肉质中轴周围的 60～200 朵小花聚合而成。果实由多数密集的小花和花轴发育而成。小花基部有 3 片三角形萼片紧包着，无花柄。子房下位，3 个心室，每个心室有胚珠数个，一般不形成种子。食用部分主要是小花花被基部、子房壁和花轴。

7. 坚果类　坚果类（nut fruit）常见的有板栗、核桃、山核桃、长山核桃、栗、榛、阿月浑子、扁桃、银杏等落叶果树的种子及香榧等常绿果树的果实。

板栗和核桃都是由下位子房发育形成的假果。板栗，雌花序常生于雄花序下部，雌花序一般有雌花 3 朵，聚生于一个壳斗状总苞内。在正常情况下，经授粉受精后，发育成 3 个坚果，有时发育为 2 个或 1 个，也有时每苞内有 4 个以上。花序的总苞（involucre）发育形成外表面密生细刺毛的壳斗（bur），子房壁形成褐色坚硬木质化的外果皮，内含种子 1 粒，种皮（内果皮）膜质。食用部分为乳白色的肥厚肉质子叶。

核桃，雌花呈总状花序，有 1 个总苞片和 2 个小苞片，花被 4 裂。子房由 2 个心皮组成，埋藏在一个密被腺毛的总苞片内。雌花的总苞发育形成果实外层肉质的表皮（外果壳 husk）。子房壁形成非常坚硬的核壳（shell），胚着生在基底胎座（basal placenta）上，发育成熟的种子有一层薄种皮。食用部分为肥厚的子叶。

扁桃、椰子和阿月浑子等是由上位子房发育形成的真果。其实，它们都是核果，但中果皮部分在果实成熟时变干或纤维化，不能食用，而食用部分是种子的子叶（扁桃和阿月浑子）或胚乳（椰子），故通常把它们也称为坚果。

作　业

1. 试绘桃、梨、柑橘或其他果实的纵、横剖面图，注明各部分名称。
2. 简述仁果类、核果类、柑果类果实的主要特征。

（执笔人：叶明儿）

实验 22

苹果生长结果习性观察

目的要求

苹果的生长结果习性是制定其栽培管理措施的主要依据，了解和熟悉苹果生长结果特点是学习和研究其栽培管理的基础，通过学习初步掌握苹果生长结果习性及其观察与调查方法。

材料及用具

1. 材料 当地主栽苹果品种。

2. 用具 米尺、钢卷尺、卡尺、放大镜、计数器等。

内容及方法

苹果的生长结果习性涉及内容较多，本实验只进行重点观察。观察时注意选择树龄、生长势等相近的树，于休眠期或开花期进行 2～3 次调查，也可与物候期观察结合进行。

(一) 生长习性

1. 树姿 观察苹果的树姿（直立、开张、下垂等）。

2. 树形 观察苹果的树形（圆锥形、半圆形、圆头形等）。

3. 干性 观察苹果的干性强弱。

4. 层性 观察苹果层性的明显程度。

5. 分枝角度 观察苹果主枝分枝角度的大小。

6. 枝 观察不同树龄植株的发枝特点、枝的类型、生长枝与结果枝的区别、生长枝的生长次数，调查苹果幼树的萌芽力和成枝力。

(二) 开花结果习性

在开花期观察调查以下内容：

1. 年龄 幼树开始结果的年龄和大量结果的年龄。
2. 混合芽 混合芽的特点。
3. 花序 花序类型、花序开放特点、每花序花朵数等。
4. 坐果 坐果特点、坐果率。
5. 结果枝 结果枝类型与比例，主要结果枝和最佳结果枝类型。

作 业

1. 比较苹果的生长结果习性，说明其主要不同点。
2. 通过以上性状的综合观察，填写调查表（表22-1）。

表22-1 苹果不同品种生长结果习性调查表

______年___月___日

品种	项目																
	树龄	树形	树姿	萌芽力	成枝力	各类结果枝（%）				开花期	每花序花朵数	花粉量多少	生理落果程度	采前落果程度	花序坐果率（%）	短果枝连续结果能力	备注
						长	中	短	腋花芽								

填表人：________

注：①萌芽力、成枝力：根据调查结果（%），以强、中、弱表示。
②每花序花朵数：每品种取30个花序调查，其坐果率每品种取50～100个花序调查。
③短果枝连续结果能力：以强、中、弱表示。

（执笔人：廖明安、林立金）

实验 23

梨生长结果习性观察

目的要求

果树的生长结果习性是制定栽培管理措施的主要依据。因此，了解和熟悉各种果树的生长结果特点是学习和研究果树栽培管理的基础。

通过实验实习，初步掌握观察梨的生长结果习性的方法，并了解梨树的生长结果习性。

材料及用具

1. 材料　当地主栽梨树品种。

2. 用具　米尺、钢卷尺、计数器等。

内容及方法

梨的生长结果习性涉及内容很多，本实验只进行重点观察。观察时应注意选择生长正常、树势健壮的植株。进行比较观察时，注意选择树龄、生长势等相近的树。于休眠期或开花期进行 2～3 次调查，也可与物候期观察结合进行。

（一）生长习性

1. 观察梨的树姿（直立、开张、下垂等）、树形（圆锥形、半圆形、圆头形等）、干性强弱、分枝角度、层性明显程度等，找出树体结构的特点。

2. 调查梨幼树的萌芽力和成枝力，有无秋梢或二次梢，一年生枝的生长节奏及长度。观察枝梢顶端优势、垂直优势等特性表现。观察不同年龄植株的发枝特点，休眠芽的寿命及萌发状况。

（二）开花结果习性

1. 观察幼树开始结果的年龄（嫁接后算起第几年），大量结果的年龄（同幼树）。

2. 调查不同品种、树龄的树的长、中、短果枝所占的比例（%），腋花芽（%）、各类结果枝的着生部位，结果枝组的组成及分布规律。

3. 短果枝群的寿命（年），果台连续结果的能力（隔几年结果）。

4. 熟悉混合芽的特点。观察花序的类型，每花序花朵数，花的结构和开花顺序，花期迟早、长短，花粉量的多少。

5. 调查坐果率的高低，生理落果程度（多、中、少），采前落果程度（多、中、少）。

作 业

1. 比较梨的生长结果习性，说明其主要不同点。

2. 通过以上性状的综合观察，填写调查表（表 23-1）。

表 23-1 梨不同品种生长结果习性调查表

______年___月___日

品种	项目																
	树龄	树形	树姿	萌芽力	成枝力	各类结果枝（%）				开花期	每花序花朵数	花粉量多少	生理落果程度	采前落果程度	花序坐果率（%）	短果枝连续结果能力	备注
						长	中	短	腋花芽								

填表人：________

注：①萌芽力、成枝力：根据调查结果（%），以强、中、弱表示。
②每花序花朵数：每品种取 30 个花序调查，其坐果率每品种取 50～100 个花序调查。
③短果枝连续结果能力：以强、中、弱表示。

（执笔人：曾明）

实验 24

桃、李、梅生长结果习性观察

目的要求

通过实验实习，初步掌握观察桃、李、梅等核果类果树生长结果习性的方法，了解桃、李、梅主栽品种的生长结果习性。

材料及用具

1. 材料 当地品种园或生产园中桃、李和梅主栽品种，生长发育正常的成年树。

2. 用具 米尺、钢卷尺、计数器及绘图用具等。

内容及方法

桃、李、梅生长结果习性同苹果、梨等仁果类果树一样涉及内容很多。因此，本实验只进行重点观察。一般于休眠期或开花期进行，也可结合物候期进行。观察时应注意选择立地条件、树龄和树势等相近的植株。

1. 观察桃、李、梅树形（自然开心形、疏散分层形和变则主干形等）结构、干性强弱、分枝角度、中心干及树冠层性程度等，找出树体结构的特点。

2. 调查桃、李、梅萌芽力和成枝力，一年发枝次数；观察枝条疏密度、不同树龄植株发枝情况及主枝下部空虚程度，找出生长、发育和更新复壮规律。

3. 明确桃徒长性结果枝、长果枝、中果枝、短果枝和花束状短果枝的划分标准（图 24-1）。观察各类结果枝的分生部位及坐果率，不同树龄植株结果部位的变动规律。

4. 观察桃、李、梅纯花芽的类型，每花芽内花数，叶芽与花芽排列的形式（图 24-2）；比较桃、李、梅长果枝、中果枝、短果枝和花束状短果枝上花芽与叶芽的排列形式。

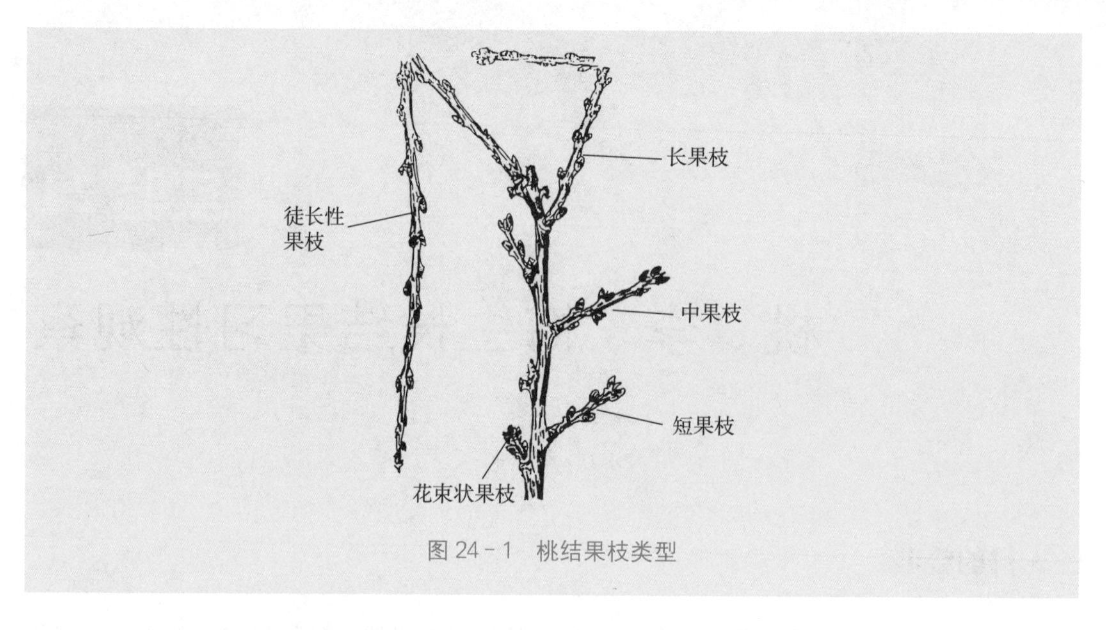

图 24-1 桃结果枝类型

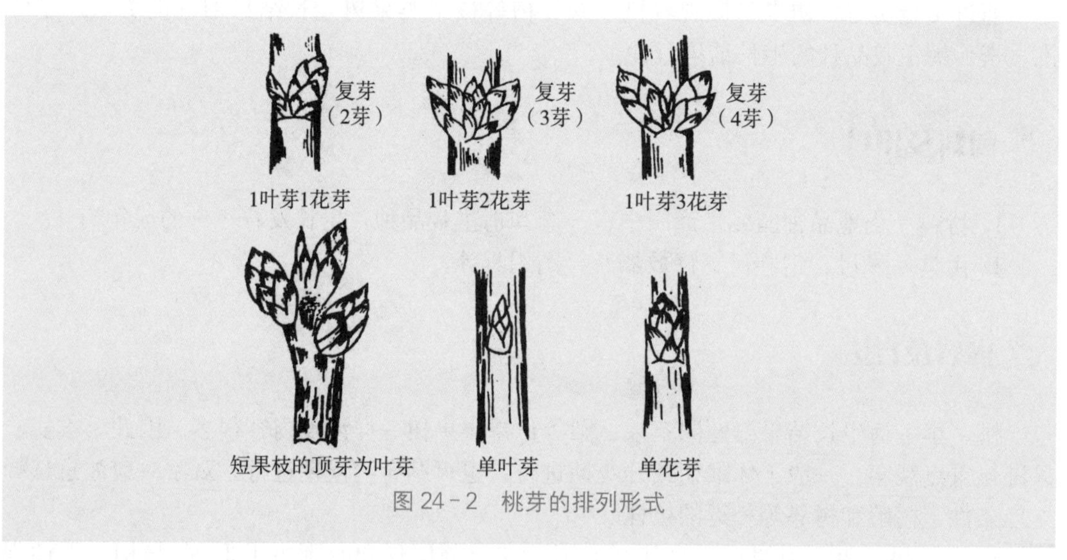

图 24-2 桃芽的排列形式

5. 观察桃、李、梅的类型与结构。

6. 调查桃、李、梅的坐果率、生理落果时期与落果程度（多、中、少）。

作 业

1. 从哪些现象可说明桃叶芽具早熟性？举例说明桃、李、梅的萌芽力和成枝力的区别。

2. 试述桃、李、梅各以哪类结果枝为主？桃结果习性有哪些主要规律？

（执笔人：钟晓红）

实验 25

葡萄生长结果习性观察

目的要求

通过对葡萄树体结构、芽的类型与形态、萌芽及抽枝规律、结果部位等的观察和调查，基本掌握葡萄的生长结果习性。

材料及用具

1. 材料　当地品种园或生产园中葡萄的主要品种。

2. 用具　钢卷尺、放大镜等。

内容及方法

本实验可于休眠期和生长期分多次进行。观察时应注意不同种类的区别。

1. 葡萄是多年生蔓性果树，观察其树体结构的特点，明确各部位的名称，如主干、主蔓、侧蔓、结果母枝、结果枝、发育枝、副梢等。

(1) 主蔓和侧蔓：从主干上或地面直接分出的 1 至几个蔓，形成植株的骨干称为主蔓。主蔓上的大分枝称为侧蔓。

(2) 结果母枝：着生结果新梢的枝条称为结果母枝。

(3) 结果枝：着生花序的新梢称为结果枝。

2. 观察葡萄芽的类型、形态特点、着生部位及萌发规律。辨别冬芽、夏芽，主芽、副芽和潜伏芽（隐芽）。

(1) 冬芽和夏芽：冬芽外被鳞片，在正常情况下当年不萌发，第二年萌发抽生结果枝或发育枝。夏芽又叫裸芽，着生在冬芽旁侧，无鳞片包被，当年形成当年萌发成副梢。

(2) 主芽和副芽：每个冬芽由 1 个主芽和 3～8 个副芽组成。主芽发育完全，春季首先萌发，如受到伤害则副芽可陆续萌发。有些品种主芽和副芽可同时萌发成双梢或三梢。

副芽抽出的新梢有时也有花序，但一般较小。

（3）潜伏芽：葡萄冬芽中的主芽或副芽如第二年不萌发，即成为潜伏芽。在适宜的条件下，潜伏芽可陆续萌发。葡萄冬芽中的副芽数目很多，每年常有许多潜伏芽萌发，所以很容易更新。

3. 调查葡萄的萌芽和抽枝规律、双芽及三芽的萌发情况、冬芽和夏芽的萌发特点、年生长次数和年生长量等，找出其生长规律和生长特点。

4. 观察葡萄的结果部位，结果母枝上不同部位抽生结果枝的能力，结果枝上果穗的着生部位和果穗的数量，副梢的结果情况。

5. 观察葡萄花的结构：两性花、雌性花、雄性花，闭花受精现象。

6. 调查葡萄果实成熟期全树和每穗一致的程度（一致、较一致、不一致），成熟期落粒状况（严重、中等、轻微）。

作　业

1. 从哪些现象可以说明葡萄的芽具有早熟性？

2. 根据你所观察的葡萄种类和品种，试述它们的结果习性有何区别。

（执笔人：徐小彪）

实验 26

猕猴桃生长结果习性观察

目的要求

通过观察和调查，基本了解猕猴桃主要栽培种类和品种的生长结果习性，并能区分雌雄株开花结果习性的异同点，为学习和研究猕猴桃的栽培管理奠定理论基础。

材料及用具

1. 材料　选择中华猕猴桃和美味猕猴桃的主要栽培品种作为观察材料。

2. 用具　记载表、钢卷尺等。

内容及方法

本实验要求观察猕猴桃的生长结果习性，可在休眠期和生长期分多次进行。在观察时应注意选择树龄、生长势相近的植株。

1. 猕猴桃为多年生蔓性果树，观察其树体结构的特点，明确各部位的名称：主干、主蔓、侧蔓、结果母枝、结果枝、发育枝等。

2. 观察猕猴桃芽的形态特点、叶腋间芽的数量、着生状况和萌发规律。辨别主芽、副芽、潜伏芽、叶芽和花芽。

（1）主芽和副芽：通常一个叶腋间有 1～3 个芽，中间较大的为主芽，两侧较小的为副芽。

（2）潜伏芽：主芽易萌发成为新梢，而副芽在正常状态下不易萌发，多变为潜伏芽，当主芽受伤或枝条重截后，副芽便能萌发。老蔓上的潜伏芽萌发之后，多抽生为徒长枝，可利用这种枝条进行树冠更新。

（3）花芽和叶芽：主芽有花芽和叶芽两种。幼苗期和由潜伏芽萌发形成的徒长枝上的主芽瘦小，多为叶芽，只抽枝长叶而不能结果。成年树的良好发育枝及结果枝上的主芽，芽体肥大饱满，多为花芽。猕猴桃的花芽为混合芽，萌发后先抽枝，再在新梢中下部的几个叶腋间形成花蕾，开花结果。

3. 调查猕猴桃的萌芽和抽枝特性、枝条的极性生长、“自剪现象”、自然更新能力、年生长次数和年生长量等，找出其生长规律和生长特点。

4. 明确各类结果枝的划分标准：徒长性结果枝（150cm 以上）、长果枝（50～150cm）、中果枝（30～50cm）、短果枝（10～30cm）、短缩状果枝（10cm 以下），调查进入结果期后各类结果枝所占的比例。

5. 观察猕猴桃的结果部位、结果母枝上不同部位抽生结果枝的能力、副梢抽生结果枝的状况。

6. 观察猕猴桃的花性和花器构造。猕猴桃为雌雄异株果树，雌花、雄花都是形态上的两性花，生理上的单性花。雌性品种的花多单生，少数呈聚伞花序；雄性品种的花多呈聚伞花序，少数为单生花。

7. 调查单生花与花序的坐果率及果实发育的差异。

作　业

1. 根据观察结果说明猕猴桃枝条自剪期的早晚与其生长状况的关系。

2. 根据调查结果说明不同品种猕猴桃各以哪些类型的结果枝结果为主，一般猕猴桃的花着生在结果枝的哪些节位上？

（执笔人：徐小彪）

实验 27

板栗生长结果习性观察

目的要求

通过观察和调查，了解和掌握板栗的生长结果习性，为学习和研究板栗的栽培管理打下基础。

材料及用具

1. 材料 选择板栗结果树，以当地的主要栽培品种为观察材料。

2. 用具 卡尺、钢卷尺、调查记载表等。

内容及方法

本实验所观察的板栗生长结果习性，可在休眠期和生长期分两次进行，也可结合物候期进行观察。

1. 观察板栗的树形及树姿（直立、开张）、干性强弱及层性是否明显。

2. 观察芽的特征特性。

（1）叶芽的形状、大小，茸毛多少，鳞片大小，以及叶芽在枝条上着生的部位。

（2）花芽的形状、大小，茸毛多少，鳞片大小，着生的部位。板栗的花芽又分为完全混合花芽和不完全混合花芽，两者在形态上不易区别。一般着生于枝顶端的2～3芽为完全混合花芽，萌发后开花形成结果枝。其下为不完全混合花芽，萌发后形成着生柔荑花序的雄花枝。

（3）休眠芽的形状，在枝条上着生的位置，休眠芽的寿命及更新能力。

3. 观察结果枝、雄花枝、生长枝在结果母枝上着生的位置，开花结果后各类枝条的形态特征。

4. 观察板栗雌花序和雄花序的形态，在结果枝或雄花枝上着生的节位、数量。

5. 观察板栗新梢自剪期及伪顶芽的形成及状态。

6. 观察发育枝、纤细枝、徒长枝的生长特点和着生的部位，调查其数量及其与树体和枝条生长势强弱的关系。

7. 调查结果母枝生长势的强弱与抽生结果枝数量的关系，调查结果枝着生的部位及其与着生雌花数量的关系。

8. 调查结果枝连续结果的能力。

9. 观察是否有二次或三次花果的现象，以及它们与品种和枝条生长势的关系。

作 业

1. 绘制板栗结果习性示意图，并注明各部位的名称。

2. 在对以下调查表（表 27-1、表 27-2）的调查结果进行分析的基础上，说明板栗结果母枝的生长势强弱与结果的关系和结果母枝上的芽位与结果的关系。

表 27-1 板栗结果母枝生长势强弱与结果的关系调查表

_______年___月___日

序号	结果母枝		结果枝		雌花枝数	生长枝数	备注
	长度（cm）	粗度（mm）	结果枝数	总苞数			
1							
2							
3							
4							
5							
6							
7							
8							
9							
10							
合计							
平均							

填表人：____________

表 27-2 板栗结果母枝上的芽位与结果的关系调查表

_______年___月___日

结果母枝编号	伪顶芽		第 1 侧芽		第 2 侧芽		第 3 侧芽		第 4 侧芽	
	枝长（cm）	雌花数量	枝长（cm）	雌花数量	枝长（cm）	雌花数量	枝长（cm）	雌花数量	枝长（cm）	雌花数量
1										
2										
3										
4										

（续）

结果母枝编号	伪顶芽		第 1 侧芽		第 2 侧芽		第 3 侧芽		第 4 侧芽	
	枝长（cm）	雌花数量	枝长（cm）	雌花数量	枝长（cm）	雌花数量	枝长（cm）	雌花数量	枝长（cm）	雌花数量
5										
6										
7										
8										
9										
10										
合计										
平均										

填表人：＿＿＿＿＿＿＿＿

（执笔人：樊卫国）

实验 28

核桃生长结果习性观察

目的要求

通过观察和调查，了解和掌握核桃的生长结果习性，从而为学习和研究核桃的栽培管理打下基础。

材料及用具

1. 材料　当地的核桃主栽品种及成年结果树。
2. 用具　记载表、铅笔、钢卷尺等。

内容及方法

1. 观察核桃的树形、树姿（直立、开张）、干性强弱、层性明显程度及主枝的开张角度等树体结构特点。

2. 观察核桃的萌芽力、成枝力、新梢生长状况及有无二次梢生长等特性。

3. 观察核桃树冠基部、中部及上部各类营养枝的生长特点。

4. 观察芽的特征特性。

（1）叶芽的形状、大小，在枝条上着生的部位，叶芽的发枝情况及其与扩大树冠的关系。

（2）休眠芽的着生部位，休眠芽的寿命及更新能力。

（3）观察雌花芽（混合芽）的形态、大小及其在结果母枝上着生的部位；观察雌花的形态及其在结果枝上着生的部位。

（4）观察雄花芽（纯花芽）的形态、大小及其在结果母枝上着生的部位；观察柔荑花序的形状和结构。

5. 观察核桃假顶芽，了解它是怎样形成的。

6. 调查结果母枝在树冠上着生的部位及其与光照条件的关系。
7. 调查结果母枝生长势的强弱（长度、粗度）与结果的关系。

作　业

1. 简述核桃生长结果习性的特点。
2. 调查核桃结果母枝强弱与结果的关系，填写表 28-1。
3. 调查核桃结果母枝上的芽位与结果的关系，填写表 28-2。

表 28-1　核桃结果母枝强弱与结果的关系调查表

______年____月____日

项目		1	2	3	4	5	6	7	8	9	10
结果母枝	长度（cm）										
	粗度（cm）										
结果母枝上	结果枝数										
	结果数										

填表人：________________

表 28-2　核桃结果母枝上的芽位与结果的关系调查表

______年____月____日

结果母枝编号	假顶芽		第 1 侧芽		第 2 侧芽		第 3 侧芽	
	枝长（cm）	花数	枝长（cm）	花数	枝长（cm）	花数	枝长（cm）	花数
1								
2								
3								
4								
5								
6								
7								
8								
9								
10								
合计								
平均								

填表人：________________

（执笔人：樊卫国）

实验 29

柿生长结果习性观察

目的要求

观察记录柿树的生长结果习性，为了解柿树生物学特性和针对性开展栽培管理奠定基础。

材料及用具

1. 材料　当地主栽的成年柿树品种。

2. 用具　记载表、钢卷尺、卡尺、吊签、拍照设备（手机或数码相机）等。

内容及方法

观察柿树的生长结果习性，在柿树的生长期和休眠期分多次进行。在观察同一树种不同品种时注意选择树龄、生长势相近的植株。

1. 观察柿的树形及树姿，干性强弱，层性明显程度，开张角度。

2. 调查柿的萌芽力、成枝力及新梢颜色、长度、粗度、节间长度、皮孔及生长周期，观察枝条类型与坐果之间的关系。

3. 观察柿的伪顶芽，了解伪顶芽形成时间。

4. 观察柿的叶芽形状、大小、着生部位，与花芽的区别。

5. 观察柿的花芽（混合花芽）形状、大小（饱满程度）、着生在结果母枝上的部位，哪些节位结果最好，花器的形态。

6. 观察柿的叶片生长特性和发育周期，观察落花落果与树势、叶片多少之间的关系。

7. 观察柿的果实大小与结果枝和结果母枝强弱的关系；观察柿果实萼片和果实发育之间的关系；调查结果枝单枝连续结果能力（再次转化为结果母枝能力），它与品种、树势、枝条自身强弱的关系。

8. 观察柿的隐芽萌发能力和寿命长短。
9. 观察柿的隐芽萌发形成徒长性结果枝的结果能力。

作　业

1. 简要描述柿树的结果习性。
2. 简要说明柿树的结果母枝强弱与结果的关系。

（执笔人：张青林）

实验 30

枣、毛叶枣生长结果习性观察

目的要求

通过调查和观察了解枣（*Ziziphus jujuba* Mill.）、毛叶枣（*Ziziphus mauritiana* Lam.）的生长结果习性，为研究枣、毛叶枣果树生物学特性和栽培管理措施奠定基础。

材料及用具

1. 材料　进入结果期的枣树和毛叶枣树。

2. 用具　钢卷尺、卡尺、水果刀、镊子、放大镜、数显糖分测试仪及绘图用具等。

内容及方法

本实验要求观察枣、毛叶枣的生长结果习性，在观察时注意选择树龄、生长势相近的植株。

（一）枣

1. 观察枣的树形及树姿。

2. 观察枣的主芽、副芽、休眠芽着生部位。了解芽（主芽、副芽）与枣的枝条（枣头、枣股、枣吊）的相互关系。

3. 观察枣的枝条［枣头（发育枝）、二次枝、三次枝、枣股（结果母枝）、枣吊（结果枝）］，以及不同类型枝之间的相互转化关系。

4. 观察枣的花序着生部位、小花数量、花器形态（花萼、花瓣、雄蕊、雌蕊、柱头），以及开花时期。

5. 观察枣头的着生部位，枣头上二次枝的生长特点（永久性二次枝和脱落性二次枝），枣股的着生部位、生长特点，枣吊的着生部位、生长特点。

6. 观察枣的果实，包括单果重、果实形状、果皮和果肉色泽、种核、种子等。

(二) 毛叶枣

1. 观察毛叶枣的树形及树姿，以及栽培架式。

2. 观察毛叶枣的枝条，包括枝间叶芽萌发状况、嫩梢色泽、刺的着生状况、茸毛的着生状况等。

3. 观察毛叶枣的叶片，包括叶的性质（单叶、复叶）、着生状态（互生、对生）、叶柄（长、短）、叶脉、叶片色泽、叶背（茸毛）、叶缘锯齿等。

4. 观察毛叶枣的花序，包括花序类型、花的数量、花器形态（花萼、花瓣、雄蕊、雌蕊、柱头）等。

5. 观察毛叶枣的开花类型（上午开花型、下午开花型）。

6. 观察毛叶枣的果实，包括单果重、果实形状、果皮和果肉色泽、种核、种子等。测定果实的可溶性固形物含量、酸含量。

作　业

1. 调查着生在枣头上的枣吊的结实能力，填写表 30－1。

2. 根据观察、测量和测定结果，填写主要毛叶枣品种记载表（表 30－2），并概述毛叶枣的植物学形态特征和果实特性。

表 30－1　枣头上的枣吊结实能力调查表

_______年___月___日

枝号	枣头长度（cm）	基部脱落性二次枝		基部脱落性三次枝		
		枝数	果数	二次枝数	枣吊数	果数
1						
2						
3						
4						
合计						
平均						

填表人：_______________

表 30－2　主要毛叶枣品种记载表

_______年___月___日

记载项目		品种			
植株	株高（cm）				
	冠幅（cm）				

（续）

记载项目		品种			
叶片	长（cm）×宽（cm）				
	叶形				
	色泽				
	叶脉				
	叶缘				
	叶柄				
	叶背（茸毛）				
果实性状	纵径（cm）×横径（cm）				
	单果重（g）				
	果实形状				
	果皮色泽				
	果肉色泽				
	可溶性固形物含量（%）				
	酸含量（%）				
	种子				
	风味				
品种评价					

填表人：________________

（执笔人：唐志鹏）

实验 31

柑橘生长结果习性观察

目的要求

通过对柑橘类果树的树性、枝梢和花序类型的观察，了解其生长结果习性。

材料及用具

1. 材料　橘、柑、橙、柚、柠檬代表品种的成年树。

2. 用具　卡尺、钢卷尺、塑料牌及绘图用具等。

内容及方法

1. 记录观察点立地条件，记录栽植密度和种植模式，观察并测量不同品种砧木组合，不同树龄植株的树高、主干高、干周。描述树势强弱、树冠形状、中心干有无、树冠层性分布特征、主枝分枝角度、枝展范围、枝条的萌芽力和成枝力。

2. 于不同季节记载该季抽生的枝数及其长度、粗度，叶数及主要叶形，并将各季枝梢挂牌标记，下年统计其成为结果母枝的数量。

3. 于春季开花期识别各种类型的结果枝，并将各类果枝挂牌标记，于谢花期、定果后、采果时统计着果数及其占总果数的比率。

4. 枝梢生长期观察柑橘顶芽“自剪现象”，观察柑橘合轴分枝特性。夏梢生长时期观察柑橘复芽特性。

5. 花期识别各种类型的结果母枝。

进行枝梢记载时，可按春梢 2—4 月、夏梢 5—7 月、秋梢 8—9 月、晚秋梢 10 月中下旬、冬梢 10 月底至 11 月抽发时间进行。

结果枝即直接开花结果的枝条，可分为下述 4 类进行记载：①有叶顶花（果）枝：有叶果枝，仅顶端着生 1 花。②有叶花序果枝：有叶果枝，其上着生花序。其中腋生花枝除顶端有花外，其他叶腋间也着生花。③无叶花序果枝：果枝上无叶或仅 1～2 片极小叶片，枝上着生花蕾 3～15 朵。④无叶顶果枝：果枝极短，易误认为果梗，无叶，仅顶生 1 花。

结果母枝即抽生结果枝的枝条，一般柑橘春、夏、秋梢均可成为第二年的结果母枝，也有 2 年生以上的老枝成为优良结果母枝的，须注意观察不同种之间的差异。结过果的结果枝亦要观察其是否能再开花结果。

观察初结果的柚树结果的部位，结果母枝的类型。

本实验可将学生分成若干小组，分别观察记录 2～3 个代表品种，每品种均有 3 个小组或 3 株重复。

作 业

1. 根据表 31－1、表 31－2 做好观察记录。
2. 绘制春、夏、秋梢叶片图和果枝类型图。
3. 根据观察记载扼要分析各代表品种以何季枝梢为其主要结果母枝，又以何种结果枝最多，结果最好。

表 31－1 枝梢类别记载表

______年___月___日

品种	枝号	春梢						夏梢					
		枝数	长（cm）	粗（mm）	叶数	占总枝数比例（%）	占总结果母枝数比例（%）	枝数	长（cm）	粗（mm）	叶数	占总枝数比例（%）	占总结果母枝数比例（%）

填表人：______

表 31－2 结果枝类别记载表

______年___月___日

结果枝类别	品种		
总果枝数（枝）			
总果数（个）			

（续）

结果枝类别		品种		
有叶顶花（果）枝	果枝数（枝） 占总果枝百分比（%） 着果数（个） 占总果数百分比（%）			
有叶花序果枝	果枝数（枝） 占总果枝百分比（%） 着果数（个） 占总果数百分比（%）			
无叶花序果枝	果枝数（枝） 占总果枝百分比（%） 着果数（个） 占总果数百分比（%）			
无叶顶果枝	果枝数（枝） 占总果枝百分比（%） 着果数（个） 占总果数百分比（%）			

填表人：________

（执笔人：曾明）

实验 32

枇杷生长结果习性观察

目的要求

通过观察枇杷的树冠形态结构，了解其生长特点，通过识别枇杷的枝梢种类和花序类型，了解其抽梢特点和结果习性，并学会记载方法，从而为进一步学习枇杷的栽培管理奠定基础。

材料及用具

1. 材料　当地枇杷主要品种的幼树和成年树。

2. 用具　皮尺、钢卷尺和标杆、记载表等。

内容及方法

1. 观察枇杷的树形、树姿及树势，干性强弱，层性明显程度，开张角度。

2. 分别观察枇杷幼树、成年树的单枝延长枝的生长特点，观察中心枝和侧生枝上端顶芽及其下邻近侧芽的形态、大小和萌发后的生长势。

3. 观察成年树各季抽生枝梢种类及叶片的形状、大小、色泽、质地，叶背有无茸毛及茸毛的颜色等。

4. 调查枇杷成年树的春梢、夏梢结果母枝占结果母枝总数的百分比，观察秋梢结果的特点。

5. 观察枇杷花序着生的部位、开花顺序、每个花序开花数量、开花的特点。

作　业

1. 阐明枇杷幼树和成年树的树冠形态结构的差异及出现差异的原因。

2. 指出枇杷成年树各季抽生的新梢和叶片在形态上的区别。
3. 根据结果习性调查，简述枇杷不同结果母枝的结果特点及其利用价值。

（执笔人：佘文琴）

实验 33

荔枝、龙眼花序发育及开花坐果习性观察

目的要求

认识荔枝或龙眼圆锥花序的发育过程，纯花序及带叶花序的结构，雌雄同株的开花习性、花型及小果发育习性。

材料及用具

1. 材料　开始抽出花序轴的荔枝或龙眼树。
2. 用具　直尺、纸牌及绘图用品等。

内容及方法

在开始抽出花序轴（2～4cm）的荔枝或龙眼树上，选树冠中部外围健壮结果母枝抽出的花序 4～6 个，挂牌标号进行花序发育全过程、开花及小果发育初期的特性观察。

1. 在花序发育阶段，每隔 2 周观察一次。记录花序的长度、形态及色泽，分枝情况，抽生侧生花序轴的时间。分辨纯花序和带叶花序，并认识它们的结构。

2. 对带叶花序做人工摘除小叶及保留小叶两种处理。观察这两种处理对带叶花序的进一步发育及坐果率的影响。

3. 在开花阶段，每隔 2d 观察一次。观察时注意各花序当时开花的位置及正在开放的花的花型。记录雌雄花开放的先后及雌雄花开放期的相遇程度。分辨其开花习性属雌雄异熟型、单次同熟型还是多次同熟型。

4. 雌花开放后，每隔 3d 观察一次子房的发育情况，直到子房 2 个室中 1 室膨大另 1 室停止发育时为止，这时小果发育进入“并粒”阶段。

作　业

1. 简述所观察的荔枝或龙眼花序发育过程及开花习性。
2. 绘制荔枝雄花和雌花或龙眼雄花和两性花的花型图。
3. 绘制果实“并粒”时的果实形态图。

（执笔人：周碧燕）

实验 34

火龙果开花结果习性观察

目的要求

火龙果在适宜的条件下每年可多批开花结果。通过观察花芽的形成、开花时间、花器的结构等，初步掌握火龙果花芽与叶芽的区别，花器结构特点与授粉受精的关系及果实发育的特点，从而了解火龙果的开花结果习性。

材料及用具

1. 材料　火龙果不同时期的芽、花器，以及不同阶段的果实等。
2. 用具　刀片、镊子、直尺、游标卡尺、天平等。

内容及方法

（一）火龙果开花习性的观察与分析

1. 火龙果花芽分化到现蕾期枝蔓的变化及花芽的特点

（1）现蕾前枝蔓上刺座处不断膨大，观察现蕾的时间；记录花的开放时间及开放度的变化，即花径随时间的变化特点。

（2）取叶芽和花芽，观察它们的外形特点，用刀片切开观察叶芽和花芽的内部结构差异。

（3）记录每批花从现蕾到开花的时间。

2. 花器结构与授粉

（1）观测花朵的长度和重量，记录花瓣、苞片、雌蕊、雄蕊和鳞片等花器的数量、形状及重量。

（2）取自花结实品种和授粉品种花朵，观测雄蕊和雌蕊着生的位置，分析雌雄蕊着生位置与授粉受精的关系。

（3）观察每次开花及谢花的时间，每批花开花的天数。

（4）记录从开花到果实成熟的时间。

（二）火龙果结果习性的观察与分析

1. 记录发育期果实单果重、纵横径及颜色等，并分析其随时间的变化。

2. 观测分析枝蔓上的结果数与果实发育的关系。

3. 记录一年当中的结果批数以及果实发育开始和结束的时间。

作　业

1. 绘制花开放时间及开放度变化图：以花开放时间为横轴（单位：h）、以开放度为纵轴（单位：cm）。分析开放时间与开放度的关系。

2. 绘制果实单果重随时间的变化曲线：以时间为横轴（单位：d）、以单果重为纵轴（单位：g/个）。

3. 绘制果实纵径与横径随时间的变化曲线：以时间为横轴（单位：d）、以长度为纵轴（单位：cm）。

4. 分析火龙果开花结果习性的特点，讨论提高果实品质的方法。

（执笔人：杨转英）

实验 35

香蕉植株形态观察及分类

目的要求

掌握香蕉的形态结构特征，了解植株生长叶片数与花芽形成的关系，初步掌握香蕉的分类方法。

材料及用具

1. 材料　香蕉（*Musa* AAA Group）、大蕉（*Musa* ABB Group）和粉蕉（*Musa* AAB Group）植株。

2. 用具　拍照设备（手机或数码相机）、皮尺或钢卷尺、菜刀、锄头、记录纸等。

内容及方法

（一）香蕉植株各器官的形态特征观察

选取生长正常且已开花坐果的植株，仔细观察以下各种器官的形态特征。

1. 吸芽　吸芽的类型、形状、色泽及着生情况（如数量等）。

2. 假茎　假茎的高度、色泽（底色及花青苷显色、基部叶鞘内部颜色），叶鞘的形状、颜色及着生情况（重叠程度）。

3. 叶片　叶片的形态、大小、颜色、叶缘形状、叶基部形状、叶脉情况、叶表光泽、叶背蜡粉，叶柄长短、粗细，两翼姿态，叶距疏密。

4. 地上茎（果穗轴）　地上茎（果穗轴）的长度与粗度、姿态、表面茸毛着生状况。

5. 花　观察花序形状、花苞形状及颜色、每花序的小花数及排列情况、不同类型花（雌花、中性花、雄花）的构造及着生部位、雄花蕾形状（包括顶部形状）、中性花及雄花宿存性、疤痕突出程度。

6. 苞片　苞片的形状、颜色、表面有无蜡粉、在花蕾顶部的排列状、宿存性。

7. 果穗　果穗长/宽、果实着生状况（紧凑性、着生姿态）、果梳数量。

8. 果实　果柄长度、果指（先端）形状、果棱、果皮颜色、果皮厚薄、果指长度/粗度、果肉色泽、质地（如硬度）。

9. 根　从球茎上长出的根的粗细、质地，有无分枝，可否见根毛。

10. 球茎　球茎的形状、色泽、质地，其上着生哪些器官。

（二）西蒙氏分类法

西蒙氏认为，现有的鲜食蕉均由二倍体的原始野生种尖叶蕉（*Musa acuminata*）与长梗蕉（*Musa balbisiana*）经种内或种间杂交而来。根据栽培香蕉的遗传组成中持有这两个野生种的形态表征性状的程度，可认识它们与两个野生种的亲缘关系从而加以分类。西蒙氏选用 15 个形态表征（表 35－1）来衡量性状持有程度。待分类种质的某个表征如果完全符合尖叶蕉的计 1 分，完全符合长梗蕉的计 5 分，表征介于两者之间的计 2～4 分不等。15 个表征完全符合尖叶蕉的计 15 分，完全符合长梗蕉的计 75 分。

表 35－1　香蕉（*Musa* spp.）西蒙氏分类法的形态表征

（Simmonds，1955）

序号	分类标志	尖叶蕉（*Musa acuminata*）	长梗蕉（*Musa balbisiana*）
1	茎色泽	深或浅的褐斑或黑斑	斑纹不显著或无
2	叶柄槽	边缘直立或向外，下面具叶翼，不紧裹假茎	边缘向内，下部无叶翼，紧裹假茎
3	花序梗	一般有茸毛	光滑无毛
4	果小梗	短	长
5	胚珠	每室有 2 行，排列整齐	每室有 4 行，排列不整齐
6	苞片肩的宽狭	高而窄（苞片基部至苞片最阔处高度与苞片高之比<0.28）	低而阔（比例>0.30）
7	苞片卷曲程度	苞片展开向外弯曲且向上卷	苞片掀起，但不反卷
8	苞片的形状	披针形或长卵形，肩之上锐尖	阔卵形
9	苞片尖的形状	锐尖	钝尖
10	苞片的色泽	外部红、暗紫或黄色，内部粉红、暗紫或黄色	外部为明显的褐紫色，内部为鲜艳的深红色
11	苞片褪色	内部由上至下渐褪至黄色	内部颜色均匀不褪色
12	苞片痕	明显突起	微突起
13	雄花的离生花被	瓣尖下或多或少有皱纹	罕见皱纹
14	雄花色泽	乳白色	或多或少呈粉红色
15	柱头色泽	橙黄色、艳黄色	奶油色、浅黄色或浅粉红色

根据表 35－1 所列的性状评出分数之后，再查对染色体组群检索表，根据染色体的倍数进行分类。

蕉类染色体组群分类如下：

1. 标分15～25，来源于尖叶蕉的栽培品种。

（1）二倍体，AA群。

（2）三倍体，AAA群。

2. 标分26～69，尖叶蕉与长梗蕉的杂交种。

（1）标分26～46：三倍体，AAB群。

（2）标分49：二倍体，AB群。

（3）标分59～63：三倍体，ABB群。

（4）标分67～69：四倍体，ABBB群。

3. 标分70分以上，来源于长梗蕉的栽培品种。

（1）二倍体，BB群。

（2）三倍体，B群。

作 业

1. 试从假茎、叶片及果实的形态特征差异对香蕉、大蕉及粉蕉加以区别。

2. 采用西蒙氏分类法对香蕉、大蕉及粉蕉进行标分分类。

（执笔人：徐春香）

实验 36

菠萝植株形态及结果习性观察

目的要求

观察了解菠萝的植物学形态特征及开花结果习性，为学习菠萝栽培技术奠定基础。

材料及用具

1. 材料　任选皇后类、卡因类、西班牙类和杂交种类代表品种的菠萝植株，各类型的芽、花、果实。

2. 用具　托盘天平、钢卷尺、卡尺、水果刀、镊子、放大镜、数显糖分测试仪及绘图用具等。

内容及方法

选一生长正常、已开花的菠萝植株，扒开表土，使地下茎及根群暴露，观察其植物学形态特征和果实特征特性，将观察结果记入表 36-1。本实验可分两次完成。

1. 根　观察地下根的形态结构特点，水平根及垂直根的分布范围。剥去基部数片老叶，了解气生根的发生部位及其在叶腋间的着生状态。

2. 植株　观察测量株高、株宽，标准叶的长度与宽度。

3. 茎　叶片在茎部的着生状况。剥去叶片，观察茎部的休眠芽。成熟植株地上茎与地下茎的长度与粗度。

4. 叶片　观察记载叶数、叶形、叶色、彩带部位、叶缘叶刺、叶背牙状粉线。

5. 芽体　观察冠芽、裔芽、吸芽、块茎芽的着生部位及其形态特征，每一成熟植株各类芽体的数量。

6. 花　了解菠萝花的着生位置及花序属性，每花序小花数、排列层数、开花顺序。分析小花数与果实大小相关与否，剖析单花的结构。

7. 果实 果实的形状、大小、色泽，小果形状，果眼平突程度及深浅，果心大小，风味。

表 36-1 菠萝植物学形态特征和果实特征特性记载表

________年____月____日

记载项目		品种			
植株	株高（cm）				
	株宽（cm）				
叶片	标准叶长（cm）×宽（cm）				
	叶片数				
	色泽				
	叶缘				
芽体					
果实性状	大小				
	果重（g）				
	形状				
	色泽				
	小果形状				
	果眼深浅				
	果肉色泽				
	果心大小				
	可溶性固形物含量（%）				
	风味				
	成熟期				

填表人：________________

作 业

1. 绘制小花和果实纵剖面图，并注明各部分名称。
2. 将观察结果填入菠萝植物学形态特征和果实特征特性记载表（表 36-1）。

（执笔人：唐志鹏）

实验 37

番木瓜植株形态及结果习性观察

目的要求

认识番木瓜根、茎、叶、花和果实的形态特征，花序抽生习性，开花结果习性。

材料及用具

1. 材料　番木瓜幼苗和开始抽出花序的植株。
2. 用具　直尺、纸牌及绘图用具等。

内容及方法

1. 观察幼苗和结果植株的茎和叶片形态特征。

2. 观察番木瓜的长圆形两性株、雌型两性株、雄型两性株、雌株、雄株的特性，以及它们的开花结果习性。

3. 观察番木瓜的长圆形两性花、雌型两性花、雄型两性花、雌花、雄花的特性，包括子房的形状和大小，雄蕊的数量，果实的形状和内部结构。

作　业

1. 简述所观察的番木瓜开花结果习性。
2. 绘制番木瓜的长圆形两性花、雌型两性花、雄型两性花、雌花、雄花的形态图。
3. 绘制番木瓜的长圆形两性果、雌型两性果、雄型两性果、雌性果的形态图。

（执笔人：周碧燕）

实验 38

杧果生长结果习性观察

目的要求

通过对杧果的树性、枝梢特性和结果习性的观察，了解杧果的生长结果习性。

材料及用具

1. 材料　杧果幼树和成年树。
2. 用具　皮尺、钢卷尺、记录用具等。

内容及方法

1. 树形　观察杧果树的干性强弱，层性明显程度，枝条开张角度。

2. 枝梢生长　观察枝条顶芽和腋芽抽生情况，新梢抽生次数，每次梢的长度、粗度，结果母枝的来源。

3. 开花结果习性　观察花序抽生的部位，花芽为纯花芽或混合花芽，花序形状，花序总轴上分枝的数量；开花顺序，花期迟早、长短，花开放的时间，两性花和雄性花各占的比例；落果时期及坐果率，果实成熟期。

作　业

1. 说明杧果春梢与秋梢的形态区别。

2. 根据表 38－1，统计不同杧果品种各季枝梢形成结果母枝的数量，并指出最重要的结果母枝属于哪次梢。

表38-1　杧果枝梢结果习性的观察

______年___月___日

品种	砧木	树龄	去年抽枝				其中春梢				其中夏梢				其中秋梢				其他			
			总数	结果母枝			总数	结果母枝			总数	结果母枝			总数	结果母枝			总数	结果母枝		
				数量	占总量%	结果数		数量	占总量%	结果数		数量	占总量%	结果数		数量	占总量%	结果数		数量	占总量%	结果数

填表人：______

（执笔人：陈杰忠）

实验39

果树种子的贮藏及生活力测定

目的要求

通过学习，掌握果树种子的处理保藏方法和发芽率的鉴定方法，为正确确定播种量提供依据。

材料、试剂及用具

1. 材料　落叶果树和常绿果树的种子，干净河沙，层积容器（木箱或花盆）。
2. 试剂　靛蓝胭脂红（或红墨水）、过氧化氢等。
3. 用具　烧杯、培养皿、镊子、水桶、漏勺等。

内容及方法

（一）种子的贮藏

1. 落叶果树种子的层积处理

（1）层积处理的要求：

①种子：必须洗去种皮上的胶状体，并去除杂质，使种子干净。

②河沙：洁净无杂质，湿度以手握成团、松手散开为宜。

③温度：最适宜温度为2～7℃，层积末期如能使种子处于0℃左右的低温下，可提高种子的发芽率。

④层积处理时间：小粒种子层积时间可短些，大粒种子需长些，以既能通过休眠，又能及时进行播种为准。

⑤层积处理地点：如果层积的种子数量较大，可在室外阴凉而干燥处，例如房屋的北面进行露地层积或挖沟层积。少量种子可室内层积，放置于朝北的室内，避免在水泥地上层积。

（2）层积处理的方法：大量种子层积时可露地堆藏。先在地面铺一层湿河沙，然后将种子与河沙混匀后堆放其上。河沙的用量为小粒种子的 3～5 倍，大粒种子的 5～10 倍。最后在堆上再铺一层干河沙，堆放厚度不超过 50cm。大堆的层积种子中间要放置竹笼，以便通气。除此之外，层积期间还要防止鸟、鼠危害。

少量种子可用木箱或瓦盆进行沙藏。先清洗种子，去除瘪粒及杂质，然后晾干。将种子与湿河沙混匀后贮藏于已铺有一层湿河沙的容器中，其上再铺一层湿河沙并加盖塑料薄膜。层积完毕后每隔 10d 左右检查一次温湿度及通气状况，如发现有霉烂种子，应立即拣除，同时调整湿度。霉烂情况严重时，种子和沙要重新清洗，并进行消毒。

2. 常绿果树种子的处理 常绿果树的种子通常即采即播或仅作短期贮藏。贮藏前先将种子洗干净，稍干燥，然后以干净的湿河沙保存或存入可透气的薄膜袋中保持一定的湿度，贮藏地点应阴凉。

（二）种子生活力测定

1. 形态鉴定法 凡种子大小均匀、充实饱满、种皮富光泽、弹性好、无霉味，剥去种皮后，胚和子叶呈乳白色，不透明，则此种子来自成熟的果实，有生活力，发芽率高。反之，则为失去生活力的种子。

2. 染色法 将种子浸泡一昼夜，使种皮柔软，然后剥去种皮，放入染色剂（5%红墨水或 0.1%～0.2%靛蓝胭脂红或 0.1%曙红溶液）中，染色 2～4h 后，将种子取出，用清水冲洗，凡胚和子叶完全染色的为生活力较差的种子，胚和子叶没有染色的为有生活力的种子。统计具有生活力的种子的百分率。

3. 过氧化氢（H_2O_2）鉴定法 将种子切开，用 3% H_2O_2 溶液滴于种子切面，凡产生气泡者，表示其呼吸作用强，发芽率高。测试一定数量的种子后，可得出发芽率。

4. 发芽试验 经过层积的种子，可通过发芽试验测得种子的发芽率。其方法是：将一定数量的种子放入垫有吸水纸的发芽皿中或播于湿沙中，给予 20℃左右的恒温条件，并注意通风情况，使其发芽，计算其发芽率。

依据种子的发芽率，可以估算出每千克种子的出苗率，再给以一定的疏苗或病虫危害苗的保险系数（约 10%），就能确定单位面积的播种量。

$$\text{单位面积播种量（kg）}=\frac{\text{单位面积计划出苗数}}{\text{每千克种子粒数}\times\text{发芽率}}\times(1+\text{保险系数})$$

注：以上各种种子生活力的测定方法，种子用量宜在 50～100 粒。

作 业

1. 完成一种落叶果树种子的层积，并报告操作要点。
2. 为什么失去生活力的种子在染色剂中能着色？

（执笔人：李娟）

实验 40

果树种子的催芽及播种

目的要求

通过学习果树种子的催芽、播种方法，使学生熟练掌握果苗培育的前期操作技术。

材料、试剂及用具

1. 材料　果树种子，锯末或细沙，纱布等。

2. 试剂　硫酸镁、高锰酸钾、有机肥、过磷酸钙、草木灰等。

3. 用具　培养皿、锄头、水桶、喷雾器、温度计等。

内容及方法

（一）播种前的种子催芽

种子催芽是在播种前把种子移到温度较高、湿度较大的地方使其发芽，提高出苗率。大量播种时，可用温汤淋冲催芽法，即先用 35～40℃温水浸种 1h，再浸冷水半天，种子放于垫草的竹箩中并盖草。每天用 35～40℃温水均匀淋冲 3～4 次，翻动种子 1 次。种子微露白根即可播种。亦可在温室或火炕上（温度保持在 25～28℃）铺一层 2～3cm 厚的湿沙（或湿锯末），其上再铺一块湿纱布，将用清水浸泡半天的种子均匀铺在湿纱布上，厚度一般为 3cm 左右。种子上再盖一块湿纱布，其上再撒一层湿锯末，以保持湿度，种子微露白根即可播种。

浸种时用 1.5%硫酸镁或 0.4%高锰酸钾溶液浸种 2h，可消灭种子上所带的病菌，有利于发芽和生长。

催芽时要注意掌握好温度和湿度。温度过低、湿度过小，催芽时间延长；温度过高、湿度过大，易使种子发霉腐烂死亡。

对具有厚壳的种子，可将外壳打裂或打碎，但要注意不要伤及种仁，如杧果可将种壳剪开，取出种子来催芽。

（二）播种

1. 整地　苗圃地播种前先深翻 40～50cm，同时每 667m^2 施入有机肥 2 500～5 000kg、过磷酸钙 25kg、草木灰 50kg。深翻后做畦，畦宽 1～1.2m，畦长 10m，做畦时将土块打碎，耙细。

2. 播种　播种按时期一般分为秋播和春播，播种方法有条播、撒播和点播。

（1）条播　在畦上开小沟，沟距为 10～12cm，灌透水后，均匀地撒上种子，播后及时覆土。

（2）撒播　将种子均匀地撒于淋透水的畦内，然后覆上细土。

（3）点播　大粒种子（如杧果、桃等）可按一定株行距进行点播，畦内点播株行距为 15cm 左右，每穴内可播 1～2 粒种子。

不论采用什么方式播种，覆土后还要盖上覆盖物，以保持湿度，利于种子发芽出土。

3. 管理　播种后的管理应注意以下几个环节：

（1）要注意土壤湿度的变化，干旱时要适量浇水。

（2）种子萌芽出土时，要及时去掉大的覆盖物，保证幼苗正常出土。

（3）幼苗出土后，要适时松土和除草若干次，以保证土壤疏松无杂草，有利于幼苗的健壮生长。

作　业

1. 记载不同果树种子的不同播种时期、出苗时期和幼苗生长发育情况。
2. 比较上述几种播种方法的优缺点，报告本次实验的体会。

（执笔人：李娟）

实验41

香蕉组培苗的生产

目的要求

了解香蕉组培苗生产的全过程，掌握植物组织培养的基本技能，包括培养基的配制、吸芽的选择、外植体的消毒及无菌操作技术。

材料、试剂及用具

1. 材料 香蕉吸芽、香蕉组培苗。

2. 试剂 MS培养基、6-BA、IBA、NAA、HCl、NaOH、NaClO、95%乙醇、无菌水。

3. 用具 高压灭菌锅、超净工作台、大菜刀、木板、微波炉、烧杯、镊子、解剖刀、碟子、酒精灯、标签纸等。

内容及方法

（一）培养基的准备

1. 香蕉组织培养所需培养基的成分 以香牙蕉为例：

吸芽起始培养基：MS+6-BA 4mg/L+NAA 0.1～0.2mg/L。

增殖培养基：MS+6-BA 3～5mg/L+IBA 0.1mg/L。

生根培养基：1/2 MS+NAA 0.2 mg/L+IBA 0.1mg/L+蔗糖40g/L+活性炭0.5～1.0g/L。

2. 植物生长调节剂母液的配制 植物生长调节剂母液一般配制成浓度为0.1～1.0mg/mL的溶液，贮存在4℃条件下备用。由于多数植物生长调节剂难溶于水，一般按以下方法配制。

（1）6-BA：细胞分裂素类物质均溶于稀盐酸，应先用少量1mol/L的HCl溶解后再稀释至需要的浓度。

（2）IBA、NAA：先用少量 1mol/L 的 NaOH 溶液充分溶解，然后缓慢加入蒸馏水定容至需要浓度的体积。

3. 培养基的配制　以配制 1L 增殖培养基为例：取蒸馏水约 600mL 至 1L 烧杯或其他配制培养基的容器中，将 30g 蔗糖放入培养基中使其溶解，取浓度为 1mg/mL 的 6－BA 4mL、IBA 0.1mL，另取 1L 微波炉专用烧杯，加入蒸馏水 300～350mL，加入 MS 培养基粉末（按说明加入需要的克数），加入适量凝固剂（如琼脂粉），搅拌均匀后用微波炉加热使琼脂完全熔化，然后将二者混合并用蒸馏水定容至终体积 1L，用 1mol/L 的 NaOH 或 1mol/L 的 HCl 调整 pH 至 5.8～6.2，混合均匀后分装于培养器皿（如三角瓶或试管）中，进行高压灭菌。

4. 培养基及组培用具等灭菌

（1）培养基的高压蒸汽灭菌：分装好的培养基置于高压蒸汽灭菌锅中灭菌，灭菌条件为温度 121℃，压力 108kPa，灭菌时间与培养基体积的关系见表 43－1。如果使用人工控制的灭菌锅，必须注意灭菌温度的稳定控制，因为温度过高会引起培养基成分和 pH 的改变，而温度过低则会造成灭菌不彻底。灭菌后的培养基在室温下最好 1～2 周内用完，特殊情况可贮存于 4℃条件下 1 个月左右。

表 43－1　培养基体积与灭菌时间的关系

培养基体积（mL）	灭菌温度（℃）	灭菌时间（min）
20～50	121	20
50～500	121	25
500～5 000	125	35

（2）抗生素等的抽滤灭菌：抽滤灭菌的原理是液体可通过一定孔径大小（通常为 0.22μm）的滤膜，但真菌及细菌不能通过。已灭菌的一次性滤膜可直接使用。未灭菌的滤器、滤膜本身也需要进行高压灭菌。

（3）玻璃器皿的灭菌：玻璃器皿可任选湿热和干热灭菌方法灭菌。湿热灭菌条件与培养基灭菌条件一致，但要适当延长灭菌时间，一般以 25～30min 为宜。湿热灭菌后器皿和包装表面常常有水蒸气覆盖，如果不及时干燥常常容易发生微生物再侵染，因此，器皿灭菌后应及时放入超净工作台上吹干。干热灭菌即在烘箱中加热至 160～180℃后恒温保持 40min，或 120℃灭菌 2h。玻璃器皿放入烘箱之前必须完全干燥，以免炸裂，灭菌时温度要缓慢上升，灭菌后待温度逐渐下降到 60℃以下时才能开箱门，以免器皿因突然冷却而破碎。

（4）镊子、剪刀、解剖刀、接种针等金属制品的灭菌：组培用具在使用前和使用过程中均必须灭菌并保持无菌状态。使用前可采用干热或湿热灭菌法。使用过程中的灭菌通常是将其浸泡在乙醇中，再用酒精灯将乙醇烧去，待冷却后使用；也可使用一种小型电热石英砂灭菌器代替酒精灯，每次使用完后，将用具插入消毒器中消毒，用时取出冷却。

（二）香蕉组培苗的培养过程

1. 超净工作台的准备　打开超净工作台的风机，吹风约 20min，同时用 75%乙醇对超净工作台表面灭菌。如有必要，在此步骤前用紫外灯照射超净工作台 20min 后，吹风 15min 以除去臭氧。将组培苗、培养基放入超净工作台，75％乙醇表面灭菌。待表面乙醇吹干后即可开始接种。

2. 外植体的消毒与起始培养 选择无病害，特别是无病毒病症状的香蕉园为母本园。在母本园内选取品种特性典型、农艺性状优良的健壮植株，挖取母株球茎上生长健壮的剑芽为外植体，标记品种名和每株编号。用刀将香蕉吸芽切成 2～2.5cm 见方的、含有茎尖生长点的小方块，在自来水管下用流水初步清洗（加入适量洗洁精），晾干带入接种室。用 75％乙醇进行表面消毒后放入含有 3％ NaClO 的灭菌水中浸泡约 15min（在此期间不时摇匀），取出用无菌水冲洗 3 次，在碟中将其切成约 1cm 见方的小块，剥出茎尖，以茎尖生长点为中心，视材料大小进行切割，接种至分化芽诱导培养基中，于 28℃＋2℃、弱光条件下进行茎尖分生组织培养。

3. 香蕉组培苗的增殖与继代 生产上要求外植体初次培养的分化芽，每一编号送其中 1 个芽进行病毒检测，经检测确认无病毒的分化芽，其平行芽方可进行进一步的增殖与扩繁。扩繁时从原来的增殖培养基中取出香蕉丛芽，适当切分成每组 2～3 个长约 2cm 的茎尖，然后转接至相同培养基中增殖。为减少变异的风险，继代次数不宜超过 10 代。培养条件：光照度为 2 000lx，光照时间为 14h/d，培养温度为 28℃±2℃。

4. 香蕉组培苗的生根 将长至一定高度的分化芽转接至装有生根培养基的容器中诱导生根。培养条件：光照度为 1 500lx，光照时间为 14h/d，培养温度为 28℃±2℃。注意事项：组织培养时封好瓶口后，用记号笔写上品种名称、接种日期及接种者姓名。培养瓶置于 28℃条件下培养。

作　业

香蕉组培苗生根培养 2 周后调查污染率，观察香蕉的增殖及生根情况。

（执笔人：徐春香）

实验 42

木瓜组培苗的生产

目的要求

了解木瓜组培苗生产的全过程，掌握植物组织培养的基本技能，包括培养基的配制、外植体的选择、外植体的消毒及无菌操作技术。

材料、试剂及用具

1. 材料 木瓜植株、木瓜组培苗。

2. 试剂 MS 培养基、6－BA、IBA、NAA、HCl、NaOH、抗坏血酸、3%NaCl、0.1%氯化汞、75%乙醇、无菌水。

3. 用具 高压灭菌锅、超净工作台、微波炉、烧杯、镊子、解剖刀、碟子、酒精灯、标签纸等。

内容及方法

（一）木瓜组织培养所需培养基的配方

培养基的配制、培养基及用具等的灭菌、超净工作台的准备、无菌操作技术、炼苗移栽等均参照香蕉的组织培养。

外植体起始培养基：MS＋0.2～0.5mg/L BA＋0.1～0.2 mg/L NAA。

增殖培养基：MS＋0.3mg/L 6－BA＋0.1mg/L NAA。

生根培养基：

一步法：MS＋1.0mg/L IBA＋0.1mg/L NAA＋1.0mg/L 抗坏血酸。

两步法：MS＋2.0mg/L IBA，5～7 d；转至 MS 基本培养基。

（二）木瓜组培苗的培养过程

1. 外植体的选择及灭菌

（1）外植体的选择：从成年健壮的木瓜植株上剪取生长有顶芽和侧芽的旺盛分枝，切除多余枝条部分，去掉叶片、叶柄，放入保鲜袋。

（2）外植体的消毒：自来水冲洗 20min →饱和肥皂水 30min →无菌水冲洗 3 次 → 75% 乙醇 30～60s →无菌水冲洗 3 次→ 3% NaCl 10～15 min →无菌水冲洗 3 次→0.1%氯化汞 10 min→无菌水冲洗 5 次，然后接种于起始培养基中。

2. 木瓜的初代培养 外植体接种后先暗培养 5d，然后转入光下培养：光照度为 1 000 lx，光照时间为 12h/d，培养温度为 28℃±2℃。

3. 木瓜组培苗的增殖与继代 选择从外植体上诱导出的无菌芽，去除老叶和不正常愈伤组织，切成含 2～3 个不定芽的小丛接种到增殖培养基中，每瓶接种 3～5 丛。15d 后观察增殖芽的生长情况。

培养条件：光照度为 2 000lx，光照时间为 14 h/d，培养温度为 28℃±2℃。每 25d 继代一次。

4. 木瓜组培苗的生根 选取长 2～3cm、带 2～3 片叶的健壮的不定芽，小心切除附属愈伤组织、过长茎段等后，接种于生根培养基上进行培养。

培养条件：光照度为 1 500lx，光照时间为 14 h/d，培养温度为 28℃±2℃。

作 业

木瓜组培苗生根培养 2 周后统计外植体的污染率、杀死率和成活率，并观察生根情况。

（执笔人：徐春香）

实验 43

果树压条繁殖技术

目的要求

初步掌握果树压条繁殖技术，了解其发根成活的原理，学习创造最好的生根条件，满足其生根要求的方法。

材料、试剂及用具

1. 材料　供高压繁殖的各种成年果树如荔枝、柚、杧果、波罗蜜、人心果等；供地面压条繁殖的乔木果树如苹果和梨的矮化砧，藤本果树如葡萄和猕猴桃等，以及灌木果树如醋栗等。经堆沤的锯末或椰糠，肥土，稻草等。

2. 试剂　3 000μL/L 吲哚丁酸（IBA）溶液及 3 000μL/L 萘乙酸（NAA）溶液。

3. 用具　塑料薄膜、修枝剪、环割弯刀、嫁接刀等。

内容及方法

（一）高压繁殖

1. 时间及材料的选择　在春季树液开始流动、剥皮容易时进行。选择丰产、稳产、优质的成年树为繁殖母株，在其上选择健壮、无病虫害、粗度（直径）1.5～2.0cm 的 2～3年生的枝条为繁殖材料。在压条时要注意将来苗木锯离母株后树冠的完整性。

2. 环状剥皮　在选定作高压繁殖用的枝条上离基部约 10cm 处用弯刀环割两刀，两刀间的宽度为 3～4cm，深度达木质部即可。注意刀口齐整，在两刀间纵割一刀后，把环状皮层剥去，刮净剥皮部位上的形成层。

3. 包扎生根基质　选择韧性较好的稻草，放入水中浸 4～5d 后，取出搓揉、晒干，然后放入用肥土调制成的黏稠泥浆中，充分搓揉，做成两端小、中间大、长约 40cm 的稻草泥条。包扎时以上切口为中心，边缠绕边拉紧，力求扎实不松动。用手把泥头稍整理光滑。待泥头稍干爽后，用塑料薄膜包紧泥头，以保持湿润。上端务求缚紧，避免雨水渗入。下端可稍松，以便使过多的水分渗出。若发现泥头太湿，要及时解开薄膜晾干后再包，或在薄膜上开孔排水。

用湿肥泥、锯末（或椰糠）各半相混作生根基质，湿度以用力压能成团但没有水流出为度。用塑料薄膜在待包扎的枝条环剥口下方扎成漏斗状后，填入上述混合肥泥并稍压实，最后用塑料薄膜带扎紧上部。也可用苔藓类作生根基质。

包裹前可用毛笔蘸 3 000μL/L 吲哚丁酸（IBA）或 3 000μL/L 萘乙酸（NAA）涂在切口上，然后包上生根基质，能有效促进生根。

用塑料薄膜包扎，保湿效果良好，一般不需补充淋水，雨季还要注意防雨水浸入，以免太湿烂根。经 2～4 个月，薄膜里面生有大量根系时，便可锯离母株，剪去部分枝叶后假植。

（二）地面压条繁殖

1. 直立压条法　春季，将苹果或梨矮化砧自根苗，按行距 2.0m、株距 30～50cm 栽下。萌芽前，在母株离地面约 20cm 处短截，促发萌蘖。当新梢长达 15～20cm 时进行第一次培土，土堆高度约为新梢的 1/2、宽约 25cm。约 1 个月后新梢长达 40cm 时进行第二次培土，土堆总高度约 30cm、宽约 40cm。每次培土前应先灌水，培土后注意保持土堆湿润。一般培土后 20d 左右开始生根，入冬前即可分株。分株时先扒开土堆，在每根萌蘖基部离母株 2～5cm 处剪截，未生根的萌蘖亦同时剪截。

2. 曲枝压条法　春季，先在母株近旁掘一浅沟，沟底铺松软肥土，将枝条牵引至地面，弯入沟中，并在弯曲处进行环状剥皮，用木钩固定，在压条的先端部分用棒扶直。压条后经常浇水，促使生根，于当年冬季或翌年春季从母株切离移栽。若为葡萄，可先在母株附近开浅沟，沟深 10～12cm，然后压入枝条，覆土 3～4cm，待枝条萌发新梢后，再向沟中填入肥土，使压条每节都生根。为促进压条萌芽发根，枝条基部没有入土部分若有萌芽要及时抹除。到秋季，扒开覆土，按节切断即可获得压条苗。

作　业

1. 影响果树压条繁殖生根成活的因素有哪些？
2. 根据实验结果写出压条繁殖生根情况的报告。

（执笔人：徐小彪）

实验 44

果树扦插繁殖技术

目的要求

初步掌握果树扦插繁殖技术，了解其发根成活的原理，学习创造最好的生根条件，满足其生根要求的方法。

材料、试剂及用具

1. 材料 供扦插的葡萄、猕猴桃、蓝莓、无花果、石榴、李等果树枝条，经堆沤的锯末或椰糠，肥土等。

2. 试剂 3 000μL/L 吲哚丁酸（IBA）溶液及 3 000μL/L 萘乙酸（NAA）溶液。

3. 用具 修枝剪、播种箱或苗圃插床。

内容及方法

1. 剪取根段或枝条 剪取枳、梨、李、番石榴或波罗蜜的根段，每段 10cm，粗为 5～15mm，并按粗细分级。根段的上剪口平削，下剪口斜削，注意上下不要倒置。在葡萄、猕猴桃、蓝莓、无花果、石榴、李等果树的优良母株上，选取已木质化的枝条，每段 10～15cm，顶部平削，基部斜削，按粗细分级，注意枝条上下不要倒置。柠檬保留 1～2 片叶，其余树种则将叶片全部去除。

2. 植物生长调节剂处理 将枝条基部浸于 3 000μL/L 吲哚丁酸（或 3 000μL/L 萘乙酸，或两者混合）的溶液中 2～3s，或于 50～100μL/L 吲哚乙酸或萘乙酸溶液中浸泡 12～24h，取出扦插。

3. 扦插 插条扦插于播种箱或苗床中。土壤要疏松肥沃，保水透气性良好。为防止断面皮层破裂，影响生根，插床先开沟，枝条、根段按粗细级别分别竖放于沟壁中，然后覆土并稍压实。一般使插条 2/3 埋入土中，插后床面盖草并淋水保湿，视需要搭棚遮阴。

经一段时期培养，插条即可发根、萌芽成苗。

作 业

1. 影响果树扦插繁殖生根成活的因素有哪些？
2. 根据实验结果写出扦插繁殖生根情况的报告。

（执笔人：徐小彪）

实验 45

果树嫁接繁殖技术

目的要求

通过实验，初步掌握主要果树常用的芽接和枝接的技术要领，并了解提高嫁接成活率的关键技术。

材料及用具

1. 材料　砧木：毛桃、楸子、湖北海棠、川梨、砂梨、枳、酸橘、红橘、枸头橙、红柠檬、荔枝、龙眼、杧果等。接穗：优良品种的桃、苹果、梨、甜橙、温州蜜柑、本地早、南丰蜜橘、荔枝、龙眼、杧果等。

2. 用具　芽接刀、修枝剪、塑料薄膜。

内容及方法

（一）芽接法

1. 盾状芽接法（丁字形芽接法）

（1）采取接穗：首先选定果实品质优良、高产稳产、生长健壮、无病虫害的植株为采穗母本树，然后在树冠外围中上部剪取生长充实且芽体饱满的春梢。采好接穗后立刻剪除叶片，仅留叶柄。若不立即进行芽接，则应将接穗用湿布或塑料薄膜包好备用。

（2）砧木剥皮：选1～2年生的健壮实生苗，直径0.6～1.0cm，在剥皮之前先剪除砧木离地30cm以内的萌蘖并擦去泥土，以便操作。然后在主干离地面7～10cm处选择北面平滑部位，用芽接刀自左向右划一横弧，深达木质部，横口的宽度不超过砧木干周的1/3，要与芽片的宽度相一致。再自此横弧的中央自上而下纵切一刀，长2～5cm（柑橘可稍短），亦深达木质部，使切口呈丁字形。最后用刀尖或芽接刀尾部在纵横切口交叉处挑开一点皮层，以便插芽。

（3）削取芽：将接穗倒持在左手的拇指与食指之间，使要削取之芽紧贴于左掌的左外侧。右手持刀微贴在左手掌心上，从芽下方1.0～1.5cm处向里平削一刀，削至芽上方1.0cm处停止。若想芽片不带木质部，轻轻在芽上方1.0cm处横切一刀，仅将皮层切断，取下芽片；若要芽片带木质部，用力要稍重。使削下的芽片长2.0～2.5cm、宽0.6cm左右。芽片切面务必平滑。削芽时芽片是否带木质部由树种特性决定，如柑橘类可稍带一点木质部，而落叶果树削取芽时不带木质部。削下的芽最好尽快插入砧木。

（4）插芽及绑缚：将削好的芽片，用右手执其叶柄，由上而下插入砧木接口，以抵满切缝为度。芽片务必全部插入并使其上端与砧木横切口紧密相接，如芽片过长可齐横弧处切除，最后自上而下用塑料薄膜一圈压一圈绑缚。绑缚宜紧但不可太紧，结成活扣，达到适当紧度。必须露出芽苞及叶柄，切不可将芽捆住。

2. 环状芽接（套芽接、管状芽接） 在砧木正直平滑处，用芽接刀施行环状剥皮长2.5～2.7cm。同样在接穗上剥一大小相同的管状圈皮，带一饱满充实的芽，将其平贴套在砧木部分，绑紧。板栗、核桃等常于春季采用此法。

3. 嵌芽接（贴皮芽接） 先于砧木上削去一正方形或长方形的皮层，在接穗上削取同样大小的芽片一片，将其嵌贴于砧木上，立即绑缚。

4. 芽接前后管理及成活率的检查 芽接前如天气干旱，砧木不易剥皮，则可提前2～3d灌水一次，以助形成层活跃分裂。芽接后应经常检查成活率和绑缚物的松紧程度，柑橘在芽接2～3周后才能确切检查出成活率，而落叶果树在5～10d后即可检查成活情况。如接芽与芽片仍保持原来的颜色，没有变褐或枯黄，芽片没有皱缩，叶柄一触即落者，表示已成活；若接芽与芽片颜色改变，且已皱缩，叶柄枯黄而不脱落，表示没有接活，应除去绑缚物，并立即补接以避免缺苗现象。

（二）枝接法

1. 切接法 包括单芽切接和多芽切接两种。

（1）单芽切接法：

①嫁接时期：一般是在树液开始流动时嫁接最易成活。柑橘一般在立春前后进行。

②嫁接部位：一般在离地面5～20cm处进行枝接。

③削接穗（以柑橘为例）：将接穗较宽较平整的一面紧贴左手食指，枝条下方向外，上方向内。在芽眼下方约1.2cm处以45°角从具棱角一方向宽平面削下，此削面为“短削面”。再翻转枝条，从芽眼下方开始往下削一平面，此为“长削面”。要求削下的皮层不带或稍带木质部，长削面为形成层，呈黄白色，然后在长削面的芽眼上方约0.2cm处斜削一刀，让削下的接穗落入盛有干净清水的碗内。注意接穗在水内浸泡时间不得超过4h。浸泡时间过长，会影响成活率。

④削砧木：在嫁接前将砧木上部剪除，仅留10cm砧桩。嫁接时在砧桩切口部位平滑处纵切一刀，以只削到形成层为准，然后在切面离最深处约1cm的地方向后上方斜削（成45°角）一刀，使砧桩顶部形成平滑斜断面，也可先削好砧桩上方的斜面再在斜面下方沿形成层削皮。

⑤插芽及绑缚：将已削好的接穗插于砧木切口内，砧、穗形成层对准，然后用塑料薄

膜带从下往上绑缚，绑缚时只露芽眼，其他伤口则在薄膜内。

（2）多芽切接法：

①砧木的选择与处理：选 1～2 年生的健壮的实生砧木，直径 1cm 左右，嫁接时在距地面 5～10cm 处剪断。用切接刀将切口削平，再选择砧木平滑的一面，用切接刀稍带木质部向下做一垂直切口，一般长 2～3cm。

②接穗的选择与处理：接穗应生长壮实，芽饱满，无病虫害。一般选择母本树冠中上部外围的枝条。在接穗平滑的一面削一长 2～3cm 的平滑斜面，深达木质部。接穗留 2～3 个芽剪断，顶芽一般留在切面一边，以便抽梢后幼苗生长正直。

③接合并绑缚：接穗削好后，将接穗削面紧贴砧木切口，砧、穗形成层对准，然后用塑料薄膜带绑紧接口。

2. 劈接法　砧木一般比接穗粗。砧木从距地面 5～8cm 处剪断，断口处削平整，选光滑处用劈接刀在砧木中间垂直切下，深 3cm 左右。接穗在芽下两侧削成楔形斜面，长 2～3cm，切面要平，上面留 2～3 个饱满芽剪断。随即插入砧木切口的一侧，使砧木与接穗的形成层对齐密接，然后用塑料薄膜带绑紧。

3. 腹接法　接穗的削取同切接法，砧木不剪断上部，仅在其接近地面 5～10cm 处，用利刀与砧木成 45°角斜切，深达木质部，将接穗插入，砧木与接穗形成层相互吻合，最后用塑料薄膜带捆紧。

4. 合接法　砧木与接穗粗细一致时适用此法。

（1）削砧木：在砧木离地面 15～20cm 处切断，用嫁接刀在断口下平直部位由下向上斜削一刀，削成一个 2～3cm 长的斜切面，斜面要平整。

（2）削接穗：取粗度与砧木一致的接穗枝条，在下端平直部位由上向下斜削一刀，削出一个与砧木斜切面的长、宽相一致的平滑斜切面，留 2～4 个芽切断即成。

（3）接合、绑缚：将接穗基部的斜切面与砧木的斜切面相对接合，形成层对准，然后用塑料薄膜带绑缚固定，并将嫁接部位及接穗全部包裹密封即成。

作　业

1. 根据嫁接操作和检查嫁接成活中的体会，试述影响芽接成活的技术和管理上的因子有哪些。

2. 芽接后，应随时检查并观察接芽与芽片的变化，如未接活应及时重接。填写芽接成活率调查表（表 45-1）。

表 45-1　芽接成活率调查表

芽接日期		接穗品种	砧木种类	芽接方法	芽接株数	芽接成活株数	成活百分率	备注
月	日							

填表人：________

（执笔人：徐小彪）

实验 46

柑橘无病毒苗的生产

目的要求

学习柑橘无病毒良种苗木的繁育步骤和方法，初步掌握柑橘无病毒苗的生产技术。

材料、试剂及用具

1. 材料 柑橘砧木种子、柑橘无病毒良种母本树。

2. 试剂 链霉素、乙醇、次氯酸钠等。

3. 用具 恒温器、水桶、量筒、温度计、放大镜、枝剪、纱布、嫁接刀等。

内容及方法

（一）苗圃

1. 苗圃的位置 远离柑橘、黄皮果园及柑橘包装厂 3km 以上，四周 2km 距离内没有芸香科柑橘亚科植物，远离交通要道（县道）、村庄和工厂 3km 以上，有水源，无环境污染，交通便利，地势平坦地块。

2. 苗圃分区及要求 苗圃分为砧木种子繁育区、母本园、采穗圃、育苗圃等。

3. 砧木种子繁育区 砧木种子繁育区主要繁育适宜柑橘嫁接育苗的砧木种子，杜绝外面购买种子的混杂，保证砧木种子的纯度。砧木种子繁育区远离母本园、采穗圃、育苗圃。

4. 母本园 母本园保存经过严格选育的园艺性状（丰产、稳产、果实大、甜酸适宜、化渣、种子少）好的单株，经茎尖微芽嫁接脱毒，脱毒后再检测植株是否已脱去已知的病毒病（包括黄龙病、衰退病、碎叶病、裂皮病、黄脉病、褪绿矮缩病等），以脱毒植株建立母本园。

5. 采穗圃 从母本园采接穗嫁接扩繁，增加接穗供大量育苗用。采穗圃的树每 2 年检测一次病毒病，确保繁殖材料没有任何检疫性病害。

6. 网棚建造　网室选用高强度钢结构，高 3.0m 以上，外围用不锈钢防虫网，或上部用 40 目尼龙网罩，下部用不锈钢防虫网。棚顶用玻璃或透明有机板材、薄膜封顶，设置遮阳网，棚内装有降温排气系统，保证室内温度的稳定性。

大棚设出入口 1 个，门宽 2.0m，出入口设置缓冲区，安装联动正压鼓风装置，以防开门时昆虫进入。地面建消毒池。棚内铺水泥地面或铺设粒径 1cm 以上的沙石，环保且卫生。大棚安装智能肥水一体化自动灌溉设备，定时灌溉。

7. 育苗床　苗床用钢管和铁丝网建造，床面离地面 60cm 高，苗床宽 110cm。

8. 育苗基质　使用泥炭、低盐椰糠、深土红泥、珍珠岩（3∶3∶3∶1）混合基质。大量营养元素：过磷酸钙 1.7kg/m^3，碳酸镁 2.25kg/m^3，碳酸钙 1.03kg/m^3；微量营养元素：硫酸铜 85g/m^3，硫酸锌 34g/m^3，硫酸钼 37g/m^3，硫酸铁 48g/m^3，硼酸 0.75g/m^3。基质要粉碎过筛，疏松透气，保水保肥能力强，用石灰粉调整 pH 至 6.0～6.5。基质按比例搅拌，混合均匀，堆积备用。

9. 育苗容器　育苗容器可用塑料杯，杯深 28cm，直径 10cm，在容器底部打 4～8 个直径 0.6cm 的沥水孔。

（二）无病毒砧木苗的培育

选择适应本地区自然条件、与脱毒良种接穗亲和力强的砧木品种。砧木母本必须无检疫性病虫害，生长健壮，结果良好。一般认为种子不传染病毒，但在砧木种子播种前仍有必要进行热处理消毒，防止种子表面污染，提高发芽率。一般做法是：先将种子置于 50～52℃的温水中浸泡 5～6min，然后在 55～56℃的温水中浸泡 50min。热处理完毕后，将种子摊开、冷却，稍加晾干后即可播种。

（三）接穗的采集和消毒

用于无病毒良种繁育的接穗必须从经鉴定无病毒的良种母本树上采取，不能从一般母本树上采接穗。枝剪须用次氯酸钠溶液（含有效氯 0.5%）浸泡 5～10min，消毒灭菌。采集充实、健壮、无病虫害的枝条，用纱布包好备用。

（四）嫁接及嫁接后的管理

与常规育苗不同的是所有嫁接工具均要消毒。嫁接刀要备多把，每天换下的刀用 10%～20%的漂白粉或次氯酸钠溶液（含有效氯 0.5%）消毒 3～5min。嫁接后的管理应特别精细，尤其要及时预防病虫害。

（五）苗木出圃

严格按照 GB 5040—2003《柑橘苗木产地检疫规程》执行，在苗木出圃前进行田间随机抽样检查。苗木在 1 万株以下应全查，1 万～10 万株查 30%，10 万株以上查 15%。一旦发现有检疫性病虫害或危险性病毒类病害，应立即烧毁感病苗木，接穗来源相同的其他苗木也应烧毁，妥善处理。经检查符合要求的无病毒苗木，方可签证出圃。

作　业

1. 试述柑橘无病毒苗繁育的意义。
2. 进行无病毒良种接穗的采集、消毒和嫁接练习。

（执笔人：陈杰忠）

实验 47

果苗出圃

目的要求

掌握果苗出圃前苗木的调查方法，苗木挖取、修剪、检疫消毒、分级及包装技术。

材料及用具

1. 材料　供出圃果苗。

2. 用具　起苗工具、修枝剪、苗木标签、登记表格、稻草、麻皮、塑料薄膜袋或蒲包、纸箱、锯末或苔藓类植物、泥浆、消毒用农药。

内容及方法

果苗出圃是育苗过程中最后一个重要环节，出圃准备工作及出圃技术的好坏直接影响苗木质量、成活率及幼树的生长。苗木出圃主要包括如下一些工作：

（一）出圃前的准备工作

1. 对果苗种类、品种、各级果苗数量进行核对和调查，并填写果苗情况调查表（表 47-1）。

表 47-1　苗木情况调查表

________年____月____日

繁殖区编号	果树种类	品种	繁殖方法	繁殖日期	砧木品种	果苗质量				备注
						总数	一级苗	二级苗	三级苗	

填表人：________________

2. 根据调查结果及果苗订购情况制定出圃计划及操作规程。

3. 与购苗单位及运输单位密切联系，保证苗木的及时运输，提高苗木质量。

（二）挖苗及修剪

1. 挖苗　落叶果树一般在秋冬落叶休眠期挖苗出圃。常绿果树于每次新梢充分成熟后或春季发芽前挖苗出圃。分露根挖取和带土挖取两种。现以露根挖取为例进行实验。

挖苗前几天先做好两项准备工作：一是给果苗挂牌，注明品种、砧木、苗龄；二是给土壤充分灌水。起苗时按行依次用起苗工具挖取，要保持根系有一定的深度及广度。若主根、骨干根深入土层，应用利铲将其铲断，不要强拔，以免伤及太多须根。挖起后轻轻敲去根系上的泥土。

2. 修剪　剪除生长不充实的枝梢及有病虫害的部分，对损伤的根及枝的伤口用修枝剪平整，对个别过长的主根及侧根适当短截，常绿果树苗木还要剪除部分枝叶。

（三）果苗分级

1. 果苗的质量要求　出圃果苗品种（包括砧木）需正确，接合部愈合良好，无严重机械损伤和无严重病虫害，尤其无检疫性病虫害。一般柑橘的嫁接苗高达 50cm 以上，柚 60cm 以上，主干较直，有 3 个以上分枝，生长健壮，枝叶老熟浓绿；根系发达，粗细均匀，颜色鲜黄。梨和苹果干高 80cm 以上，桃 60cm 以上，整形带内芽大饱满，如已发分枝，分枝上的芽充实；根系生长健壮，骨干根 3 条以上，分布均匀，须根发达，根颈弯曲度小。

2. 苗木分级　起苗及修剪的同时把合格的苗木按当地苗木出圃规格进行分级，使大小、质量一致，这样有利于种植及植后管理。坚决淘汰不合格苗木，小的等外苗可再集中培养。

（四）检疫和消毒

1. 检疫　按农业农村部规定的果树病虫害检疫对象，认真进行检疫，发现有检疫性病虫害苗木，坚决不能出圃。

2. 消毒　对非检疫性的一般病虫害苗木进行消毒。如对柑橘苗，可用下列任一种方法消毒：①用 0.1%氯化汞溶液浸苗 2min，取出用清水冲洗。②用 0.8%～1.0%波尔多液浸苗 10～20min，取出清洗。③用 1 波美度石硫合剂喷苗，或浸苗 10～20min 后取出冲洗。

不论用哪一种消毒方法，因各地气候条件及苗木质量不同，使用药剂浓度及处理时间应有不同。各地应先试验，再在生产上应用，特别是对常绿果树更加重要，以免引起药害。

（五）果苗包装

检疫消毒后，苗木根系蘸以泥浆（不要用肥泥作泥，泥浆稠度以蘸在根上不显现根的颜色即可）。每 10 株绑成一束，苗木根颈对齐，分别在根颈处、主干中部及分枝处用麻皮或草绳扎紧。每 5 或 10 束缚成一捆，用准备好的稻草束包裹。包时把成捆苗木根群放于稻草束中央，根隙及根周围填以湿苔藓或湿碎稻草，然后用四周的稻草包住整个根群，最后用草绳或麻皮捆紧。把已扎成包的苗木放入塑料袋，让苗木上部露出袋外，扎紧袋口及袋中部，更好地保持湿润。包装后挂上两个标签：一个放于包内，缚于苗木上；一个缚于包外。标签正面注明品种、砧木、等级、数量、包装日期，背面注明收件单位、地址、发送单位。

也可用可伸缩的纸箱包装，即由两个纸箱套合成一个，其长度可依苗木高度伸缩。纸箱四周垫以蜡纸，用洁净的湿苔藓填充根隙及根周围，然后用塑料薄膜带把整个纸箱捆紧。此法具有轻便、保湿性好、便于空运或远距离运输等优点，对数量不多或名贵果苗可用此法包装。

作　业

1. 果苗出圃过程包括哪几个技术环节？
2. 在果苗出圃过程中，你对提高苗木质量有什么建议？

（执笔人：徐小彪）

实验 48

果园现状分析与评价

目的要求

应用课堂所学知识，结合对果园的现场参观，调查果园的整体规划设计、树种和品种配置、果树的栽培管理和生长状况，根据所学的专业知识分析和评价其优缺点，从而提高在果园建立和管理方面的分析、解决问题的能力。

材料及用具

1. 材料 选择1～2个规划设计基础较好的成年果园进行调查，可以比较平地果园和山地果园的差异。

2. 用具 指南针、皮尺、钢卷尺、卡尺、量角器、计数器、土钻、pH计、铅笔、记录本、拍照设备（数码相机或手机）、全球定位系统（GPS）等。

内容及方法

（一）调查

1. 果园环境条件调查

（1）气候条件：查阅果园所在地的气象资料，记录年平均温度、生长期积温、冬季最低温度、初霜期和晚霜期，年降水量及雨水分布情况，年日照时数，不同季节的风向、风速或台风登陆情况，霜、雪、冰雹等气象数据。

（2）土壤条件：用土钻取0～100cm深的土柱，测量土层厚度，记录表土及心土的土壤类型，测定土壤肥力、土壤酸碱度、土壤机械结构，观察记录地面冲刷情况、地下水位。

（3）地形地势：用GPS测定海拔高度，用量角器测定坡度，观察记录丘陵地或山地的坡向、水源及水质状况、植被条件等。

2. 果园基本情况调查 测量果园面积、小区划分、株行距，记录树种品种布局、栽植方式、砧木、树龄、缺株状况，观察并记录防护林、排灌系统、道路系统及建筑物等基本情况。

3. 栽培管理现状调查 询问并记录一个生产周期内肥料的种类、用量、施肥次数和时间，农药的种类、使用浓度、喷药次数和时间，灌水时期和灌水量，土壤改良情况，水土保持现状，整形修剪及花果管理方法和效果。

4. 果树生长状况调查 用土钻在树冠投影下0～60cm土层取土，观察根量并分析根系分布的深度和广度，记录树形，主干、主枝及枝梢结构，叶色及树势，结果状况和产量品质，嫁接部位生长状况，测量树高。观察、询问并记录病虫害状况，生理病害或自然灾害危害状况。

5. 果园成本核算及经济效益调查 调查各树种或各小区的用工、用料及产量、销售情况，进行果园生产的成本核算和经济效益分析。

（二）分析与评价

根据上面调查所得到的数据，对果园的规划设计、栽培管理、果树生长表现、果园经济效益进行分析和评价。可以重点分析小区划分、道路系统、排灌系统的设计是否合理，选择的树种品种是否能适应当地的生态条件，所采用的栽培措施是否符合果树生长发育规律和市场经济规律等问题。

作　业

根据调查得到的果园基本情况对果园现状做出恰当的分析和评价，写成书面报告并在老师指导下进行交流。

（执笔人：姚青）

实验49

山地果园的规划与设计

目的要求

南方果园的立地条件基本上为丘陵山地，因此山地果园的规划与设计对南方果树栽培至关重要。本实验通过实地操作，学习山地果园规划设计的步骤和方法，并将其与平地果园规划设计进行比较。

材料及用具

1. 材料 已经选定的建园场地（丘陵山地）。

2. 用具 测量和绘图用具，如水准仪、平板仪或经纬仪，标杆，塔尺，木桩，比例尺，三角板，方格坐标纸，绘图纸，记录纸，铅笔，橡皮等。

内容及方法

1. 建园场地基本情况调查 场地的基本情况调查应在实行具体的规划设计前完成。调查的内容主要包括气候因子及自然灾害、地形地势、土壤及植被状况、水利条件、交通条件等。除此之外，还要了解当地的野生果树和栽培果树的种类、生态反应，以及主要果树的病虫害情况。调查过程要特别注意土壤和水利条件，应该对表土和心土的土壤类型、成土母岩、机械结构、养分状况、酸碱度以及当地水源有透彻的了解。

2. 园地测量 用测量仪器测出野外地形的各项参数，用绘图工具根据参数绘出一定比例的地形图，图中应该标明原有道路、河流及水源、植被、建筑物的位置。

3. 绘制果园规划图 根据等高线原则，按照果园规划的要求对土地利用、道路系统安排、树种品种配置、防护林、水利系统及水土保持等方面做全盘考虑以后，在地形图上按一定比例绘出果园规划图，其中包括：

（1）道路：根据地形，并从方便工作的角度出发，安排主路、支路、工作区内的小路，按比例绘出它们的位置。规划时应该充分利用现有的道路系统，降低果园建设成本。

（2）小区：以地形地势为依据，尽量考虑到小气候及土壤条件的一致性，并从方便管理的角度出发安排小区。因条件不同，小区面积可为 2～3hm^2 到 10～15hm^2 不等。绘出每个小区的位置，并注明每个小区的树种和品种。

（3）排灌系统：设计环山排洪沟及园内排水沟，园内排水沟可分 1～2 级，各级排水沟应有缓冲池。在规划图中绘出排水沟及缓冲池的位置。

如果果园上方有水源，应建立蓄水池或小型水库，并设置灌水渠。如果水源在果园下方，或需挖井才能解决灌溉，应该设计提水系统，在山顶设置蓄水池或水塔以贮存提取上来的水。在规划图中绘出这些设施的位置。

（4）防护林：根据当地的风向、山地涵养水源等状况设置防护林，以达到防风、保持水源或改善生态环境的目的。防护林的树种应该尽量选择适应性强的乡土树种。在规划图中绘出防护林带的位置，并注明树种。

果园规划图绘好后，在图的适当位置列出图例，并对小区加以编号。

4. 撰写果园规划设计书 主要是对果园规划进行说明，对果园的建设施工提出质量要求，其中包括：

（1）小区：每个小区的面积、果树的树种和品种、授粉树的配置、株行距、改土要求、栽植方式、栽植时间等，全园栽种的总面积、总株数，每个树种的总面积、总株数，以及早、中、晚熟品种的比例。

（2）道路：主路、支路、小路的宽度及路基要求，各级道路的行道树树种和栽植距离，路边排水沟的宽度和深度的文字说明和图示，并计算道路系统占全园总面积的百分数。

（3）排灌系统：环山排洪沟及园内排水沟的宽度和深度的文字说明和图示，排水沟的比降（0.3%～0.5%），缓冲池的大小，作为水源地供水的水塘或水井的深度，提水机械安装地点，提水管道的大小，灌水渠的宽度和高度的文字说明和图示，并说明部分排水系统是否可兼作灌水通道。

（4）防护林：说明用于各种目的防护林的树种和栽植方式，防护林主林带和副林带的行数，各种防护林带距每一行果树的距离，并计算防护林占全园总面积的百分数。

（5）建筑物：详细说明果园内各个建筑物的名称、用途、建筑面积和质量要求，并计算所有建筑物占地面积占全园总面积的百分数。

作 业

1. 根据实习数据及资料绘制一份果园规划图，并写出对应的果树规划设计书。
2. 比较山地果园的规划设计与平地果园的规划设计之间的异同点。

（执笔人：姚青）

实验 50

果园梯田的修筑

目的要求

学习在山地果园小区中规划梯田的方法，掌握山地等高线的简易测定方法，梯田的施工技术及基本要求。

材料及用具

1. 材料　山地果园。

2. 用具　水准仪、标杆、竹竿、皮尺、测绳、小木桩、铁锤、石灰粉、锄、铲、簸箕等。

内容及方法

山地果园总体规划完成后，即可对果园小区开展梯田的规划和施工，具体做法如下：

1. 等高线的测定　在坡度比较小的小区，可按照等高线修筑梯田。首先需要在小区内选择一个坡度中等的地方，自下而上画一基线，然后在基线上定出基点。定基点时，先在最下端定出第 1 个基点；在这个基点上垂直竖立一标杆，然后手拿一根与将来梯面宽度（通常 2～4m）相等的竹竿，使一端贴着标杆，竹竿顺着基线方向调整呈水平，另一端在地面的投影处为第 2 个基点；依此法可测得第 3 个、第 4 个、…、第 n 个基点。

测定等高线最好使用水准仪，也可使用如图 50－1 所示的汉弓进行简易测定。此种汉弓两脚（AB 和 AC）等长，顶角 A 处用绳吊一锤 G。当 B、C 处于同一高度时，G 的垂线通过 DE 的中点 F。使用时可在上述定下的某一基点先固定 B 脚或 C 脚，然后横向调整另一脚的落地点，直到 G 的垂线恰好通过 F，此时的 B、C 两点的位置是等高的。在这两个点上打下木桩，以作标记。将汉弓的一脚固定在刚测得的等高点上，移动另一脚并按上述方法操作可得另一个等高点，依此法继续操作即可得到该基点所在的等高线。在实际工作中，为了工作方便，熟练工人常使用目测法测定等高线。

等高线通常在坡度大的地方较密，在坡度小的地方较稀。有时因地形变化太大，走线弯弯曲曲。所以，在测出等高线后，通常需做一番调查工作，密处减线，稀处增线，弯曲处尽量取直，最后以石灰粉画下等高梯田的施工线。

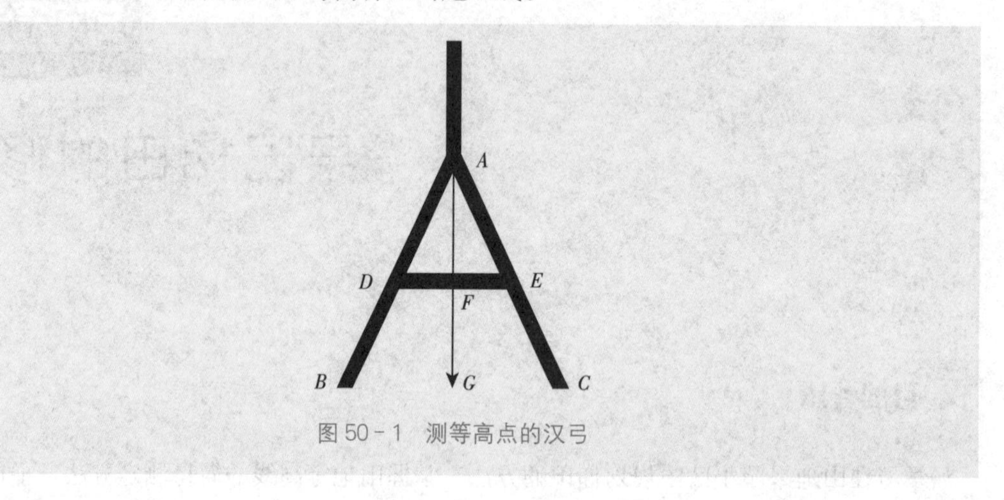

图 50-1 测等高点的汉弓

2. 梯田的修筑

（1）砌梯田壁：梯田通常由下往上修筑。在坡度较大或一时未能全部修好的情况下，也可从上往下修筑，这样就不会在雨季到来时因上方集水较多而冲垮已筑好的梯田。修筑梯田首先应该砌梯田壁，先沿等高施工线挖一道宽约 0.5m、深 15～20cm 的梯田壁基脚，然后在此基脚内往上砌石头，或者夯实草皮、泥土。砌梯田壁时要向内倾斜 60°～70°。在坡度大的山地修筑梯田壁时，应该分两段，下段加厚加固，上段的外缘离开下段的外缘 15～20cm。

（2）填土及平整：山地果园梯田的梯面填土有多种方法，常用的方法有下面两种。

①中间堆置法：先用刮土板或整地耙把坡地上部和下部的表土集中到梯面中间，然后挖上方的土填在下方，中间不填不挖。待挖土处与填土处持平后，再将中间堆置的表土扒开，均匀摊于梯田面上，形成一台表土均匀铺在梯面的梯田（图 50-2）。

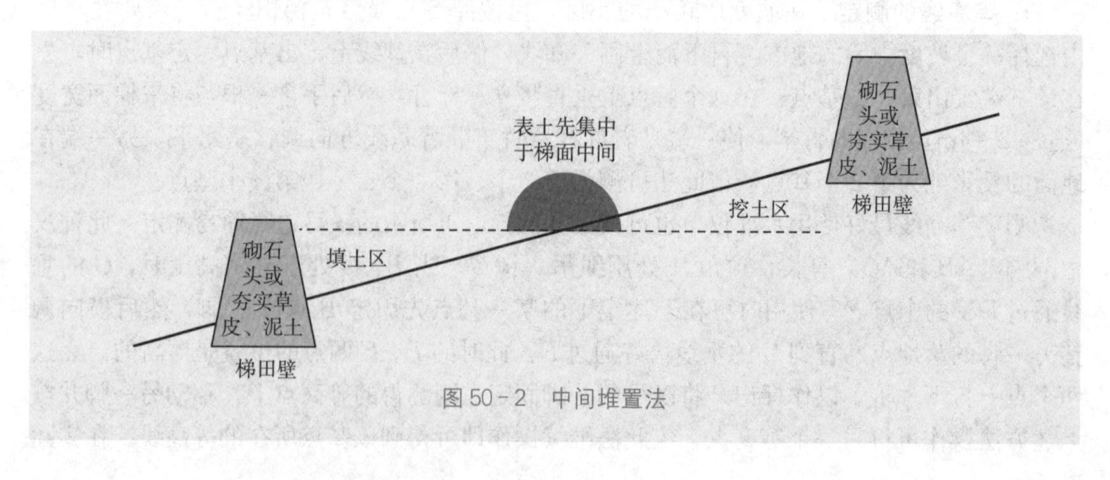

图 50-2 中间堆置法

②逐台下翻法：此方法适于从下而上修筑梯田时使用。第 1 台梯田一般不考虑如何充分利用表土，在砌好梯田壁后即在本台梯田内自上而下翻土并整理成平整的梯面。接着将准备修筑第 2 台梯田的地段上的表土翻至已平整好的第 1 台梯田的梯面上。然后，砌第 2 台梯田的梯田壁，并如上述方法挖土及平整地面。接着在准备修筑第 3 台梯田的地段翻表土到第 2 台梯田的地面上，如此逐级往上修筑（图 50－3）。

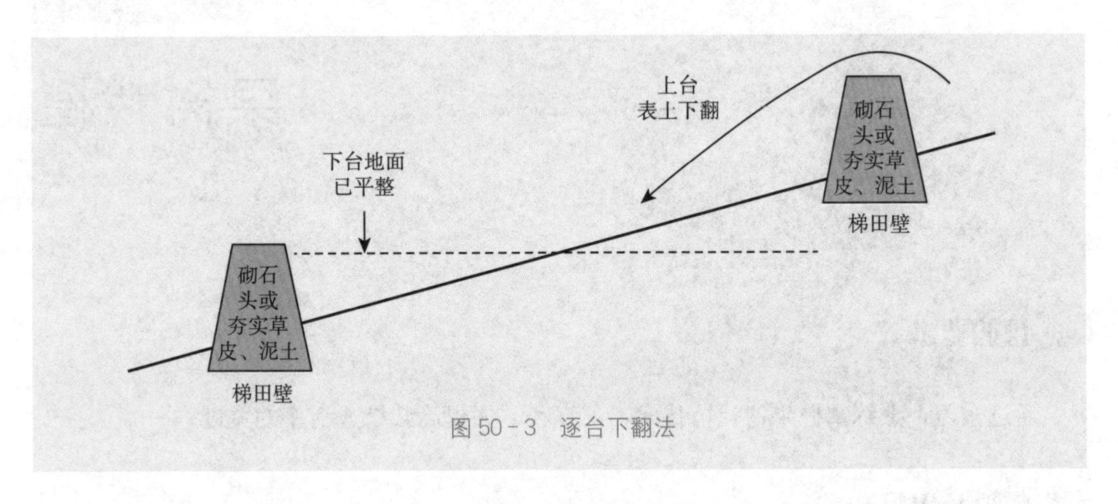

图 50－3　逐台下翻法

果园梯田修筑好后，梯面应当基本平整并略呈反倾斜，外缘筑一高起的土埂，以便将水蓄存在梯田内，内侧则为一条小排水沟。修筑好的梯田的横切面如图 50－4 所示。梯田壁宜种上良性草或绿肥作物，起到水土保持的作用。果树应种在梯面中心线的外侧，离外侧梯田壁的距离约为梯面宽度的 1/3。

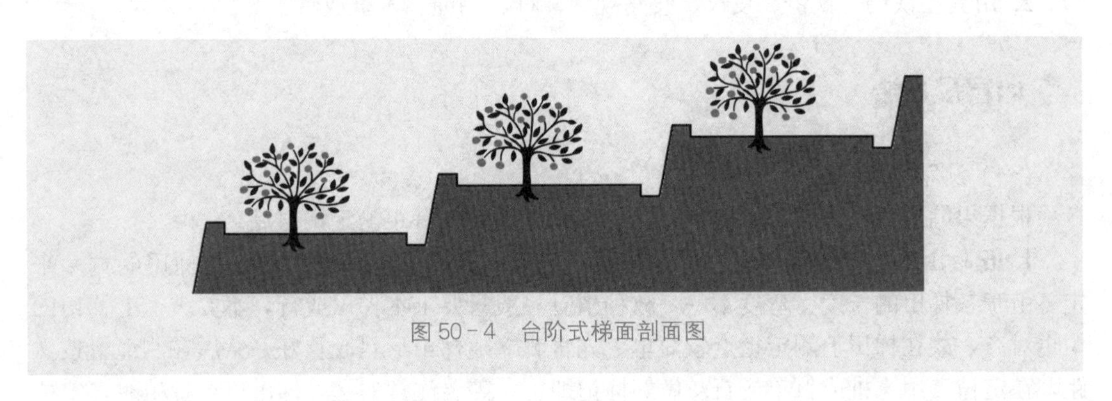

图 50－4　台阶式梯面剖面图

作　业

在已划分好的一个小区内，测定等高线并进行修筑梯田的实践。要求修好的梯面达到预定的宽度。

（执笔人：姚青）

实验 51

果树栽植

目的要求

通过实习，熟练掌握果树栽植技术，了解和掌握提高栽植成活率的关键。

材料及用具

1. 材料 梨、桃、柑橘、荔枝、枇杷等 1～2 年生嫁接苗或高压苗、压条苗、分株苗，石灰、厩肥等。

2. 用具 铁锄、铁铲、皮尺、直角规、标杆、测绳、木桩或竹竿等。

内容及方法

（一）测定植点

根据果园规划设计时确定的本小区的种植方式及株行距测定定植点。

1. 丘陵山地 一般都修筑好等高梯田。在等高梯田上，种植的行数由梯田的宽度来定。由于各梯田的长度、弯度不一，故种植时一般只要求本梯田成行，不要求上下梯田的树也对齐，故在梯田上测定植点较简单。先将测绳随梯田形状放置好，然后在测绳上按株距，在定植点用木桩或竹竿或石灰做好标记即可。需要注意的是，梯田单行种植时，定植点应偏向外壁，即定植在梯面宽度外侧的 1/3 处。

2. 平原 在平地测定植点要注意整齐美观，生产上多以长方形方式种植，即行距宽于株距。测定植点时一般先确定“行”的走向。通常，果树的“行”应与道路垂直。操作时若小区较大，应在地块中央拉测绳，使其与道路平行。在这条直线上按行距长度插上木柱便形成行距基线。行距基线定好后，在基线上每隔一段距离（如略短于测绳的长度）从一个木桩引出一条垂直线。垂直线的测定可使用直角规，也可利用勾股弦定理（三四五法）测定，条件允许时可使用经纬仪测定。在这些垂直线上按株距长度插上木桩便形成株距基线。以测绳依次连接两条株距基线上相对应的点成一线，在线上按行距长度插上木桩即可得到纵横成行的定植点。

（二）挖穴改土

挖穴改土工作最好在种植前3～6个月完成。在定植点开挖定植穴，大小视土壤状况和苗木大小而定。土层瘠薄的地方宜大穴，地下水位高的地方穴宜浅或采用筑墩定植，苗木高大应加大定植穴。一般的山地或平地，定植穴的大小为1m×1m，深度为80～100cm。挖穴时应将表土和心土分别摊放，并要求穴壁平直，不能上大下小。穴挖好后，在穴底先填入表土、草皮、枝叶或绿肥等有机物，再每穴施入厩肥或堆肥50kg，最后填土与肥料拌匀，进行改土。将改土的部分压实，然后以混有土杂肥的心土填入穴中直至堆成土丘状。土丘的宽度与植穴宽度相等，土丘的高度为20～30cm，视穴内土壤的松实程度而定。

在有条件的地方，可采用挖穴机完成上述的挖穴工作。

（三）栽植

1. 栽植时期 落叶果树多在落叶后或萌芽前栽植。冬季较温暖地区，落叶后秋栽或萌芽前春栽均可。但从利于伤口愈合、促进新根生长及缩短缓苗期等方面考虑，以秋栽为宜。冬季严寒地区，秋栽容易受冻或抽条，需要压倒埋土防寒，因此以春栽为好。冬季较寒冷或秋季干旱地区，也以春季栽植为妥。冬季温暖的华南地区，可于8月下旬至9月实行秋栽。柑橘等亚热带常绿果树，一般在休眠期的2月下旬至3月栽植，冬季温暖不发生冻害的地区，可在10月秋植。定植时的天气以无风阴天或小雨天最好。

2. 配置授粉树 许多果树，如梨、苹果、李、柚等有自花不实现象，即使能开花结实，结实率也很低。雌雄异株的果树，如杨梅、猕猴桃、银杏、香榧等，必须在果园中配置雄株才能结实。有些果树，如柑橘、桃、龙眼、荔枝、枇杷等能自花授粉结实，但如异花授粉则可显著提高产量。授粉树应具备与主栽品种寿命相仿、花期相同、授粉亲和力强等条件，同时最好具备优良品质和一定的产量。果园中授粉树的配置方式很多：小型果园采用中心式配置，即1株授粉树品种周围栽8株主栽品种；大型果园授粉树多按整行栽植，如仁果类主栽品种栽植4～6行后，种植授粉树1行，核果类相隔3～5行种1行；梯田果园，可隔3～4行主栽品种栽植1行授粉品种。当授粉品种和主栽品种的经济价值相同时，可等量式配置。雌雄异株果树，授粉树必须配置在风口处。

3. 苗木处理 栽植前应将苗木按大小、根系的好坏进行分级。等级相同的苗木应栽在一起，以利栽后管理。在分级过程中，应检查品种是否准确，有混杂的苗木必须剔除。分级后要对苗木的根系及枝叶进行适当修剪，剪除过长的、断面不平的及干枯腐烂的根，剪除过多的枝叶。

4. 栽植 栽植时首先将栽植穴上面的土丘扒开，将苗放于穴内并将根系理直舒展开。然后一人扶直苗木，另一人填土。待大部分根系被土掩盖时，轻轻提一提果苗，使土壤与根系密切接触。继续填土直至根颈部，用脚踏实或锄头敲实，浇以适量水分，上盖适当肥沃表土，最后覆上一层心土至根颈部为止。待填土下沉后，露出根颈部。若行秋植，心土可掩没根颈部，至次年春天把心土扒开，露出根颈部，以利幼树生长。

（四）栽后管理

落叶果树栽植后，在春季发芽前及时按整形要求进行定干，萌芽后抹去整形带以下的芽；常绿果树根据具体情况，必要时剪去部分枝叶，以减少蒸腾，有利成活。在风大的地区，苗木栽后要设立支柱，把苗木绑在支柱上。华南地区宜在树盘覆盖干草，以防高温伤根及暴雨冲刷。

此外，栽后应及时进行防病治虫、施肥、浇水、除草等田间管理。对有些树种，如杨梅、枇杷、梅等，定植的当年7—8月，要特别注意遮阴和防旱，防止因此时根系尚未发育产生新根而旱死影响生长。

作 业

分析提高果树栽植成活率的关键措施。

（执笔人：叶明儿）

实验 52

主要土壤管理制度及其对果园小气候的影响

目的要求

认识成年果园管理中主要土壤管理制度的特点，观察不同土壤管理制度对果园小气候的影响。

材料及用具

1. 材料　成年果园。

2. 用具　温度表、最高温度表、最低温度表、插入式地温表、干湿球温度表、木质蝶形通气护罩。

内容及方法

（一）对 3 种主要土壤管理制度的认识

清耕法、生草法和覆草法是目前成年果园主要采用的土壤管理制度，通过对采用这 3 种土壤管理制度进行耕作的成年果园进行考察，认识三者的特点。

1. 清耕法　果园地面经常进行耕作，清除杂草，保持土壤疏松和无杂草生长的状态，果园内不间种任何其他作物或绿肥。

2. 生草法　按照生草的位置可以分为全园生草和行间生草，按照生草的来源可以分为自然生草和人工生草。全园生草是在果园内除树盘外的空间均让禾本科或豆科等草类生长，行间生草是仅在行间让草类生长。自然生草是让果园中原有的良性杂草生长；人工生草是在清理原有杂草之后，种植选择的豆科或其他种类的绿肥。为防止与果树争肥争水，生草长到一定高度后应该刈割，割下的草覆于树盘，每年一般刈割 3～4 次。果园采用生草法后一般不进行翻耕或仅于冬季耕锄，但耕松的杂草通常不清出园外。

3. 覆草法　亦称为秸秆覆盖法，可以分为全园覆盖和行内覆盖。全园覆盖是在除紧挨树干的位置外的果园地面上均覆盖约 10cm 厚的作物秸秆或杂草，行内覆盖是仅在行内覆盖而行间清耕或生草。随着杂草的腐烂，大量的有机质等养分进入果园土壤，因此每年均要覆铺新的作物秸秆或杂草进行补充。

（二）不同土壤管理制度对果园小气候的影响

1. 不同土壤管理制度的实施 在选定的果园中划分出 3 个小区，每个小区面积至少 $667m^2$，分别按照上述的要求进行清耕法、生草法、覆盖法 3 种土壤管理措施。

2. 安放测量地面温度及空气温湿度的仪器 将测量地面温度用的温度表、最高温度表、最低温度表平放在实施清耕法、生草法、覆草法的 3 个小区的行间地面，球部向东，温度表及其球部一半体积入土。将干湿球温度表及最高、最低温度表安放于木质蝶形通气护罩上，并固定于行间离地面 20cm 及 150cm 高处。

3. 地面、土壤温度及空气温湿度的观测 在晴天下午同一时间，由 3 个小组的同学分别对清耕法、生草法、覆草法 3 个小区的地面、土壤温度及空气温湿度进行观察。地面温度、地面最高温度及地面最低温度可从安放好的温度表读出；土壤温度则用插入式地温表测量，测量深度分别为 5cm、10cm、20cm；行间离地面 20cm 及 150cm 处的空气温度、空气最高温度及空气最低温度从安放在蝶形通风护罩中的温度表读出。湿度通过干湿球温度差从湿度查算表查出。

最后汇总 3 个小区的所有数据，比较不同土壤管理制度对果园小气候的影响。

作 业

1. 观测夏季和秋季晴天下午 3：00 的清耕法、生草法、覆草法管理的果园的地面温度、土壤温度及空气温湿度（午前先对最高、最低温度表进行调整）。

2. 分析实验结果，并评价不同土壤管理制度对果园小气候的影响。

（执笔人：姚青）

实验53

果树叶片的缺素症状观察

目的要求

掌握果树的几种缺素症的鉴别方法，为果树的矿质营养诊断和施肥提供依据。

材料及用具

1. 材料　选择苹果、桃、柑橘等树种为材料，以生长不正常，具有典型缺氮、磷、钾、铁、锌、硼、钙等症状的植株作为观察对象。

2. 用具　缺素症原色图谱和实物标本。

内容及方法

在田间观察植株出现缺素症状的时期，记录不同枝梢、不同叶龄的叶片的症状。采集具有典型缺素症状的标本，与缺素症原色图谱及果树养分缺乏症状检索表进行比较并加以鉴别，认识几种养分缺乏的典型症状。下面列出落叶果树和柑橘类果树的养分缺乏症状检索表，仅供参考。

落叶果树的养分缺乏症状检索表

(Davidson和Judkins，1949)

A. 症状最初表现在整个树体或新梢的老叶上。

1. 虽然整个树体呈异状，但是新梢下部的叶片变化显著。除非病症极严重，否则枝梢无枯死现象。

Ⅰ. 叶片呈黄绿色，褪色首先自老叶开始，逐渐波及幼叶，此时叶片现紫红色或红色色素，症状发展时，枝梢硬化变细，叶形变小 ………………………………………………………………… 缺氮症

Ⅱ. 幼叶和接近幼叶的未成熟叶呈暗绿色，成熟叶呈青铜色或暗赭绿色，且在老叶的暗绿色叶脉间出现浅绿色斑纹，茎和叶柄带紫色，这种趋势特别在夏季低温天气时更为明显。症状发展时，新梢变细，叶小型（苹果）或呈舌状（桃） …………………………………………………………… 缺磷症

2. 最初症状表现在新梢的老叶上，即下部的叶片上，出现斑纹或黄化部分，也有的在叶上出现斑点、叶烧（叶缘）或其他枯死症状等，也有时不出现上述现象。

Ⅰ. 叶组织的枯死状态包括从极小的斑点（骰子点）到大斑点或叶烧（叶缘）的各种形式，特别是桃叶扭曲。这种现象最初在新梢的中间部分或以下部分出现，茎通常变细 ……………………… 缺钾症

Ⅱ. 叶组织的枯死最初表现为大叶上出现黄褐色的斑点，受害部逐渐向新梢的先端发展，而后逐渐落叶，最后在新梢的先端丛生暗绿色的叶片 ……………………………………………………………… 缺镁症

Ⅲ. 叶小而窄，多少扭曲，新梢的先端黄化。茎细，先端的节间显著变短，叶丛生。从新梢的基部向先端逐渐落叶 …………………………………………………………………………………………… 缺锌症

B. 症状最初表现在幼嫩的组织（幼叶）上，所以在枝梢的先端容易发生。

1. 从枝梢的先端开始枯死。新展开的幼叶和接近成熟的叶呈显著的枯死状态。

Ⅰ. 在尚无老叶时，只沿着先端嫩叶的叶尖、叶缘或中肋（中央主脉）开始枯死，然后新梢先端的叶和茎枯死。此时根的先端必定枯死 ……………………………………………………………………… 缺钙症

Ⅱ. 叶多少黄化、卷缩，常常变得厚且脆，症状严重时，枝梢和短枝枯死。在结果树上，其他部分无异状，但果肉和果面上黄化 ………………………………………………………………………………… 缺硼症

柑橘类果树的养分缺乏症状检索表

（Camp，Chapman 和 Parker，1949）

A. 症状最初表现在新梢上。

1. 叶色全叶片相同。

Ⅰ. 生长衰弱，常呈丛生状。

（1）新叶浅绿色至黄绿色，伸长生长停止早 …………………………………………………… 缺氮症

（2）新叶浅黄绿色至黄色，较缺氮的叶片颜色稍深 ……………………………………………… 缺硫症

（3）新叶上产生水浸状斑点，半透明，果皮上产生坚硬的树胶 ……………………………… 缺硼症

（4）叶绿色，沿中脉皱缩 ……………………………………………………………………………… 缺钾症

Ⅱ. 生长较正常时旺盛。

（1）叶通常大而呈暗绿色，果实表面及内轴上产生树胶 ……………………………………… 缺铜症

2. 叶色在叶脉和中肋部较浓。

Ⅰ. 叶型小而尖，中肋及主要支脉呈明显的绿色，叶脉间呈浅绿色至黄色，果实小
…… 缺锌症

Ⅱ. 叶的形状和大小几乎正常。

（1）中肋和主要支脉暗绿色，叶脉间呈暗绿色至灰色，但脉纹不明显，叶浅黑色
…… 缺锰症

（2）叶绿色至黄色或白色，仅叶脉绿色，呈美丽的网孔状，生长显著衰弱，枝梢通常枯死
…… 缺铁症

（3）叶浅绿色，仅叶脉绿色，呈美丽的网孔状，叶大型常常增大 1 倍，果实的表面及内轴产生树胶 ……………………………………………………………………………………………………… 缺铜症

B. 症状最初表现在成叶上，常常影响果实的产量。

1. 叶的褪色由局部开始，逐渐扩展至全面。

Ⅰ. 叶的褪色始自与中肋平行的叶身，然后扩展至全面，但叶的基部未达严重时仍为绿色 ……………………………………………………………………………………………………… 缺镁症

Ⅱ. 叶的褪色始自叶缘，逐渐扩展至叶脉间 ……………………………………………………… 缺钙症

2. 叶的褪色最初就全面进行。

Ⅰ. 全叶褪色后开始形成黄绿色和黄色病斑，最后呈黄色 …………………………………… 缺氮症

Ⅱ. 叶浅墨绿色，最后变为橙黄色，严重时发生叶烧 ………………………………………… 缺磷症

作　业

根据田间观察到的症状，对照缺素症原色图谱和果树养分缺乏症状检索表，判断所观察果树的缺素情况。

（执笔人：姚青）

实验 54

果园施肥

目的要求

学习果园施肥方法，了解各种施肥方法对果树生长结实的意义。

材料及用具

1. 材料 有代表性的山地幼年果园或成年果园，作基肥用的各种有机肥料，作根际或根外追肥用的各种化学肥料或腐熟有机肥料。

2. 用具 锄头、铁铲、镐、粪筐、粪桶、喷雾器等。

内容及方法

（一）基肥的施用

基肥以有机肥料为主，能在较长时期供给果树多种养分。堆肥、厩肥、粪肥、鱼肥、骨肥、绿肥、作物秸秆、杂草、树枝等材料均可作基肥。基肥通常深施，多结合果园深翻改土工作进行，也可以预先堆沤，腐熟后以铺肥方式施入。通过深翻施基肥多在秋季或春季进行，以铺肥方式施基肥多在春季进行。深翻施基肥有环状施肥法、放射状施肥法、条沟施肥法、穴施法等多种方法。本实验以条沟施肥法为例学习深翻施基肥的方法。

1. 深翻时期 一般认为周年均可进行深翻工作，但从断根后对果树生长的影响及伤口发新根的能力方面考虑，应以秋季深翻及春季深翻为最适宜，一般应避开在开花期、果实迅速发育期、新梢生长期进行深翻。深翻工作也不宜在不良天气条件（如干旱、高温、低温、台风暴雨等）下进行。各地可根据果园具体条件、天气状况以及果树物候期选择适宜的深翻时期。

2. 施肥材料 施基肥的主要目的是增加土壤有机质含量，改善土壤理化性状，利于根群生长。因此，改土宜选有机质含量丰富的材料，如豆饼类、花生麸、禽畜粪、土杂肥、草皮泥、塘泥、绿肥等，若同时施入骨粉、鱼粉、磷肥、石灰等则效果更佳。

3. 条沟式深翻施基肥的方法 条沟施肥法是指在果树行间或株间或隔行开沟施肥的方法。开沟施肥最好从种植的第二年起配合全园深翻熟化工程，有计划地逐年进行。植后第二年开沟施肥时，所挖施肥沟应紧挨已改过土的原植穴。到下一年，施肥沟应紧挨上一年的施肥沟。第一次挖的施肥沟与原植穴之间，以及第二次挖的施肥沟与第一次挖的施肥沟之间不要留下隔墙，以免影响根系的穿透。经过数年的开沟施肥后，就可实现全园的深翻熟化。这时，所栽果树也已长大，以后的开沟施肥就多在树冠外围滴水线下进行。

条沟施肥所挖沟的大小视果树的大小、施肥材料的多寡及劳力情况而定。一般长50～100cm，宽30～50cm，深30～60cm。每株树开2～3条沟。沟挖好后，要先修剪伤口过大或不平整的根系，然后施入各种有机肥料。施肥时应将材料分层施入：杂草、嫩枝等绿肥放中、底层；较精的有机肥放根际处，并要与土壤混匀；表土放底层，底土放表层。施肥材料放完后，施肥沟应基本被填满，若没有填满则表示施肥沟开得太大，或施肥材料不够。最后，覆土将施肥沟填满并高出地面20cm左右。

（二）追肥的施用

追肥以速效化学肥料或腐熟有机肥料为主，主要用于补充果树急需的肥料。追肥的施用时期、施肥量、施肥方法依果树物候期、树龄树势、结果状况、土质及气候条件而定。各种果树所需的追肥次数不同。通常，追肥多于花前、花后、果实迅速生长、采果前后施用。在某些地区，为促花芽分化或促秋梢萌发也施用追肥。

追肥一般浅施，多于树冠外围滴水线下开15～20cm深的浅沟施下。雨天可直接撒施于地面。追肥浅沟多为圆弧形沟，也可为放射状沟。沟的多少及沟的长度视树体大小而定。以圆弧形沟为例，一般每树开3条沟，3条沟的总长度为树冠滴水线周长的一半。本实验练习圆弧形沟施追肥的方法。先按要求开沟，然后按指定的肥量将肥料均匀施入沟中，用锄头或镐将肥料与土壤混匀，最后将所有挖出来的土覆回原来位置。

（三）根外追肥

上面介绍的将肥料施于土壤中，施于根际的追肥方法又称为土壤追肥或根际追肥。根外追肥是指将肥料施于根系以外的追肥方法。由于这种方法常常将肥料喷施于叶面，故又称为叶面喷肥，根外追肥适于施用一般的矿质肥料、微量元素、腐熟的人尿及牛尿等。根外追肥简单易行，用肥量少，肥效迅速，还可与不少农药或植物生长调节剂混合使用。在进行根外追肥时，要严格按照使用浓度配制肥液，并要注意肥料中是否含有某些会对果树产生不良影响甚至伤害果树的杂质。

本实验练习用0.3%～0.4%尿素液作根外追肥的方法。实验中要注意选用缩二脲含量低的尿素。喷施根外肥最好在15：00—16：00以后进行，一般要求无风天气。施时着重喷叶背，且要均匀。

作 业

通过操作，体会几种施肥方法，总结技术要领，并书写报告。

（执笔人：涂攀峰）

实验 55

果园灌水时期的确定

目的要求

学习确定果树灌水时期的方法，认识正确确定灌水时期在果树生产上的意义。

材料及用具

1. 材料　具一定干旱程度的果园或盆栽果树。
2. 用具　小铁铲、铝盒、直尺、天平、烘箱、土壤湿度计、笔记本、铅笔等。

内容及方法

正确确定果园灌水时期在果树生产中具有非常重要的意义。在实际生产中，要求在果树受到缺水影响前就进行灌溉，不要等到果树已从形态上显露出缺水症状时才灌溉。否则，果树生长和结实会受到严重的影响。

确定果园灌水时期有多种方法，目前主要根据果树物候期和土壤含水量判断，也可以根据果树组织含水量或其他一些生物学指标判断。本实验学习根据果树物候期和土壤含水量综合评判果园灌水时期的方法。实验选择在生长季，在自然干旱一段时间的果园中或在人为干旱一段时间的盆栽果树上进行。

（一）根据果树物候期评判灌水时期

木本果树在不同物候期对水分的要求不同。一般认为，果树在萌芽前或开花前以及花期需要适量水分，在果实迅速发育期和新梢生长期需要充足的水分，在花芽分化期需水量相对减少，在休眠期则需要控制水分。由此可知，木本果树在生长季一般需要适宜或充足的水分。在生产上，应该保持在生长季有足够的水分供应，以利生长和开花结果。若在生长季出现旱情，需要密切注意土壤水分变化，并根据各物候期对水分的要求判断是否需要及时灌水。虽然处于休眠期的果树需水量较小，但秋旱会影响枝条生长，影响营养物质积累，进而影响其越冬性，若树体内水分不足可能发生“抽条”现象，因此，干旱地区要注意防秋旱，还要注意灌足封冻水。

草本植物根系浅生，抗旱性弱，需要充足而均匀的水分，故对于草本果树要时常注意灌水。

（二）根据土壤含水量评判灌水时期

通过测定土壤含水量来确定灌水时期是一种较为可靠且易行的方法。

一般认为，当土壤含水量处于土壤田间持水量的60%～80%时，最符合果树生长结果的需要。虽然在土壤水分含量减少到萎蔫系数之前，土壤水仍可被果树利用，但远在含水量降至萎蔫系数前，果树已很难吸收利用这部分土壤水了。因此，在果树生产上应在土壤含水量降至田间持水量的50%时就要进行灌水。为能准确判断灌水时期，清楚认识土壤田间持水量及测定土壤含水量就很有必要。

土壤田间持水量的大小取决于土壤质地、结构、腐殖质含量及耕作状况等，不同果园的土壤或同一果园不同小区的土壤的田间持水量的大小不同。各地应该通过查阅土壤资源普查资料了解果园中各小区的土壤田间持水量。若查找不到，应该参考土壤学实验指导书对需了解地段的土壤田间持水量进行测定。测得的田间持水量可在数年内对果园灌水时期的确定及灌水量的计算有指导意义。

测定土壤含水量有多种方法，学生可根据实际条件选用下述方法：

1. 烘干法 取新鲜土壤20g（精确到0.01g），置于已知重量的铝盒中，放入烘箱内，在105～110℃温度下烘至恒重（6～8h），取出放在干燥器内冷却后，称重并按下式计算含水量。

$$土壤含水量=\frac{水重}{干土重}\times 100\%=\frac{湿土重-干土重}{干土重}\times 100\%$$

2. 手测、目测法 如已了解某地土质，可以凭经验用手测、目测法判断其大体含水量及决定是否需要灌溉。如壤土和沙壤土，用手紧握形成土团，松手时土团不会散开，说明土壤湿度在田间持水量的60%～80%，一般还不必灌溉，如松手后土团即松散开，则说明土壤湿度低于田间持水量的50%，须进行灌溉。如土壤为黏壤土，手握紧时能成土团，但轻轻挤压容易发生裂缝，则说明含水量低，须进行灌溉。

3. 仪器测定 将土壤湿度计（张力计）按说明书要求安装在果园中。湿度计中的真空表的最高读数通常为100kPa。用上述烘干法测定真空表指针处不同位置时的土壤含水量，绘图将土壤含水量与真空表读数的相应关系表示出来，以后即可从真空表读数了解当时的土壤含水量。

当用上述方法测得土壤含水量低于土壤田间持水量的50%时，就应该进行灌溉，灌水量的大小可依物候期而定。

作 业

报告实习的体会，并简述正确确定灌水时期在果树生产上的意义。

（执笔人：涂攀峰）

实验56

果园水肥一体化技术应用

目的要求

学习果树水肥一体化技术操作与应用，了解各种水肥一体化系统在果树生产上的意义。

材料及用具

1. 材料　具一定面积的果园。

2. 用具　水泵、过滤器、控制阀门、PVC管、PE管、施肥桶、喷头、滴头、笔记本、铅笔等。

内容及方法

在为作物供给水肥的过程中，最有效的方式就是水肥同步供给，充分发挥两者的相互作用，在给作物提供水分的同时最大限度地发挥肥料的作用，即水肥一体化技术。水肥一体化技术就是把肥料溶解在灌溉水中，由灌溉管道带到田间每一株作物，以满足作物生长发育的需要。

水肥一体化技术是现代种植业生产的一项综合水肥管理措施，具有节水、节肥、省工、优质、高效、环保等优点。水肥一体化技术是借助于灌溉系统实现的，常用的设施灌溉有喷灌、微喷灌和滴灌，微喷灌和滴灌简称微灌。

（一）喷灌系统的组成

喷灌系统一般由水源工程、首部系统、输配水管道系统和喷头组成。

1. 水源工程　可以作为喷灌用的水源有河流水、湖泊水、水库水、池塘水、泉水、井水或渠道水等。

2. 首部系统　喷灌系统的首部系统包括加压设备（水泵、动力机）、计量设备（流量计、压力表）、控制设备（闸阀、球阀、给水栓）、安全保护设备（过滤器、安全阀、逆止阀）、施肥设备（施肥罐、施肥器）等。

3. 输配水管道系统　管道系统的作用是将经过水泵加压或自然有压的灌溉水流输送到

田间喷头上去，因此要采用压力管道进行输配水。喷灌管道系统常分为干管和支管两级，大型喷灌工程也有分干管和二级以上支管。干管起输配水的作用，将水流输送到田间支管中去。支管是工作管道，根据设计要求在支管上按一定间隔安装竖管，竖管上安装喷头，压力水通过干管、支管、竖管，经喷头喷洒到田间上。管道系统的连接和控制需要一定数量的管道连接配件（直通、弯头、三通等）和控制配件（给水栓、闸阀、电磁阀、球阀、进排气阀等）。根据铺设状况可将管道分为地埋管道和地面移动管道，地埋管道埋于地下，地面移动管道则按灌水要求沿地面铺设。喷灌机组的工作管道一般与行走部分结合为一个整体。

4. 喷头　喷头是喷灌系统的重要部件，其作用是将管道内的有压水流喷射到空中，分散成众多细小的水滴，均匀地洒布到田间。为适应不同地形、不同作物种类，喷头有高压喷头、中压喷头、低压喷头和微压喷头，有固定式、旋转式和孔管式喷头，其喷洒方式有全圆喷洒和扇形喷洒，也有行走式喷洒和定点喷洒。

（二）微灌系统的组成

微灌就是利用专门的灌水设备（滴头、微喷头、渗灌管和微管等），将有压水流变成细小的水流或水滴，湿润作物根部附近土壤的灌水方法，因其灌水器的流量小而称为微灌，主要包括滴灌、微喷灌、脉冲微喷灌、渗灌等。微灌的特点是灌水流量小，一次灌水延续时间长，周期短，需要的工作压力较低，能够较精确地控制灌水量，把水和养分直接输送到作物根部附近的土壤中，满足作物生长发育的需要，实现局部灌溉。目前生产实践中应用广泛且具有比较完整理论体系的主要是滴灌和微喷灌技术。另外，渗灌技术因其节水效果更好，又不影响农事活动而表现出很好的发展前景，但还有诸多技术有待改进。微灌系统主要由水源系统、首部枢纽系统、输水管网、灌水器等 4 部分组成。

1. 水源系统　在生产中可能的水源有河流水、湖泊水、水库水、塘堰水、沟渠水、泉水、井水、水窑（窖）水等，只要水质符合要求，均可作为微灌的水源，但这些水源经常不能被微灌工程直接利用，或流量不能满足微灌用水量的要求，此时需要根据具体情况修建一些相应的引水、蓄水或提水工程，统称为水源工程。

2. 首部枢纽系统　首部枢纽是微灌工程中非常重要的组成部分，是整个系统的驱动、检测和控制中枢，主要由水泵及动力机、过滤器等水质净化设备、施肥装置、控制阀门、进排气阀、压力表、流量计等设备组成。其作用是从水源中取水经加压、过滤后输送到输水管网中去，并通过压力表、流量计等量测设备监测系统运行情况。

3. 输配水管网　输配水管网的作用是将首部枢纽处理过的水按照要求输送分配到每个灌水单元和灌水器，包括干管、支管和毛管三级管道，毛管是微灌系统的末级管道，其上安装或连接灌水器。

4. 灌水器　灌水器是微灌系统中最关键的部件，是直接向作物灌水的设备，其作用是消减压力，将水流变为水滴、细流或喷洒状施入土壤，主要有滴头、滴灌带、微喷头、渗灌滴头、渗灌管等。微灌系统的灌水器大多数用塑料注塑成型。

作　业

报告实习的体会，并简述水肥一体化技术在果树生产上的意义。　（执笔人：涂攀峰）

实验 57

苹果的整形修剪

目的要求

通过实验，基本掌握苹果的整形修剪技术和特点，并了解主要栽培品种对修剪的反应。

材料及用具

1. 材料　苹果植株（幼树、成年树）。

2. 用具　修枝剪、手锯、架梯、伤口保护剂等。

内容及方法

整形修剪就是根据需要人为培养出特殊结构的树形，调节营养生长与生殖生长的关系。通过合理修剪，可以做到早结丰产、优质和延长植株寿命等优点。

目前生产上苹果采用的树形较多，如疏散分层形、纺锤形、多主枝开心形等。本实验主要学习疏散分层形的整形修剪方法，由于涉及内容多，可分次或结合生产实习进行。

（一）幼树整形修剪

幼树修剪的主要任务是整形，培养骨干枝和结果枝。因此在修剪时要注意促进幼树生长和分枝成形成花，提早结果，采取轻剪、长放、多留原则，综合应用长放、拉枝、开角、刻芽、除萌、摘心、剪梢、扭梢、拿枝、环割、环剥等方法，切忌采用重疏短剪等修剪方式。

1. 主干　新栽苗木，在离地 60～80cm 处短截定干。注意剪口下 20cm 内留有5～8 个饱满芽。

2. 中心干　培养主干剪口下抽生的旺枝为中心干。中心干逐年延长，到适当的时候将中心干疏除，落头开心。

3. 主枝　全树主枝 5～7 个，在中心干上分 2～3 层排列。一般第一层 3 个主枝，以邻近 120°角排开，主枝与中心干成 65°～75°夹角；第二层 1～2 个主枝，分别插空排列在第一层 3 个主枝中间，与第一层相距 80～100cm；第三层 1～2 个主枝，分别插空排在第二层主枝中间，与第二层相距 50～70cm。每层主枝若一年选不够，可分两年完成。主枝的修剪主要为了促进侧枝的抽生。一般在一年生枝的饱满芽处短截。具体剪留长度还要根据培养侧枝或大型枝组的位置灵活掌握，并把剪口下第三芽留在适宜方向（一般留在背斜侧），以便抽生侧枝。剪口芽可根据延长枝需要延伸的方向，留外芽、侧芽或里芽外蹬。剪截之后，同层主枝的延长枝头最好在一个水平面上。同时注意抑强扶弱，促进各主枝间的平衡生长。

整形带以下的分枝一般不疏不截，作为辅养枝培养，个别角度小或生长旺的，可拉枝或拿枝使其水平或下垂生长。

4. 侧枝　侧枝自主枝抽生。第一层主枝每主枝交互配置 2～3 个侧枝，第二层和第三层每主枝配以 1～2 个侧枝。在主枝离主干 60cm 左右处选留第一侧枝。第一层主枝的第一侧枝应各留在主枝的同一侧，角度大于主枝。

5. 辅养枝　不用作骨干枝的枝，可作辅养枝培养，一般是缓放不截，如有空间，个别也可短截，分枝后缓放。

6. 枝组　枝组直接着生于骨干枝和辅养枝上，分大、中、小三种类型。在主枝上两个同侧的枝之间和侧枝上配置侧生的、背斜的或背后的大型枝组，大型枝组的间距为 60cm 左右。大型枝组之间和靠近外层或内膛部位可配置中型枝组。小型枝组则见缝插针培养。根据砧木种类和品种特性，可以大、中型枝组为主，也可以中、小型枝组为主。

培养枝组可用先截后放或先放后截，以及冬放夏管等方法，一般中庸枝可以缓放，培养中小型枝组，强枝则根据其成枝力强弱确定修剪方法。成枝力强的品种，应先拿枝放平再行缓放；成枝力弱的品种，则先重截后缓放，使分枝靠近骨干枝。幼、旺树多采用先放后截的方法。

7. 竞争枝和徒长枝　如有空间，可拿枝缓放，促使缓和生长、形成花芽结果；如无空间，则疏除。竞争枝强于原枝者，如符合条件也可抑制原枝，以取代原枝。

（二）成年树的修剪

成年树修剪的主要任务是：在良好土肥水管理的基础上，调节营养生长与生殖生长的平衡，进行精细修剪，修剪时先观察树体结构、树势强弱及花芽多少等，并根据树种和品种特性，确定修剪量和修剪方法。

1. 中心干　如树体已达到预定高度，可在第 5 或第 6 主枝的三叉枝处落头开心。如上强下弱，可用侧枝换头或疏去部分枝，其余枝缓放；如上弱下强，可将上层一部分一年生枝短截，以增加枝量，促进生长。

2. 主枝和侧枝　角度过小的骨干枝，可利用背后枝换头；角度过大的骨干枝，可利用上斜枝换头，以压低或抬高生长角度，若与相邻树冠或大枝交叉，则适当回缩。

内膛空虚的树，可将主枝回缩到第 3 或第 2 侧枝处，以复壮内膛。

3. 辅养枝　过密过大的辅养枝，应根据树势、当年产量及对树体其他部位的影响程度，分期分批地疏除。一般应先疏除影响最大或光秃最严重的大枝。

4. 外围枝和上层枝 一般采用疏放结合的修剪方法。疏枝的原则是：疏除强旺枝，保留中庸枝；疏除瘦弱枝，保留健壮枝；疏除直立枝，保留斜生枝。留下的枝一般缓放不截，以减少外围和上层的枝量，改善内膛光照条件，缓和外围和上层的生长势，扶持中下部的生长势。尤其是旺树和成枝力较强的品种，更应如此。外围枝先端已经衰弱的树，则应适当短截或回缩延长枝，增强生长势。

5. 枝组 如枝组过密，应疏去部分枝组，以利于通风透光。对于过长的或生长势开始衰退的枝组应回缩更新。从全树讲，应分期分批进行，3～5 年全部轮流回缩复壮一遍，弱树的枝组宜早回缩，其回缩部位应在有较强的分枝处。对于无大分枝的单轴枝组或瘦小的小型枝组，应先采取减少花果量或短截等措施复壮之后，再行回缩。

6. 直立枝和徒长枝 利用其培养为枝组，填补空间。无空间的应及时疏除。

7. 短果枝群 易于形成短果枝群的品种，应注意更新复壮和疏剪衰老的、过密的分枝，以减少生长点，集中营养。疏剪时注意去远留近，去弱留强，去下垂枝留上斜枝。无营养枝或营养枝过少的枝群，可破果台或花芽修剪，以促发营养枝，调节枝果比。

（三）衰老树的修剪

1. 骨干枝的更新 根据衰老程度，采取回缩更新复壮的修剪方法，适当回缩骨干枝，缩小树冠，降低树高，建立树体地上部与地下部新的平衡。空膛较重的骨干枝，回缩部位应在大分枝处，为了保护新的骨干枝，可在其上再留一个大、中型枝组。

2. 多年生枝的更新 多年生枝先端的下垂部分应当疏去，利用直立枝换头，抬高角度。

3. 短果枝群和枝组的更新 疏去其中过密和衰老的分枝，集中营养以复壮。

4. 徒长枝和直立枝的利用 应充分利用其培养成新的骨干枝和枝组。

（四）修剪注意事项

1. 梨树按疏散分层形整形时，同层主枝可以邻接或邻近，主枝上的侧枝数可比苹果树略多一些。

2. 修剪的顺序一般是先上后下，由里向外，先剪大枝后剪小枝，先疏枝后短截。

3. 去大枝时应尽可能减少锯口伤面，并将伤口面修平，立即涂抹保护剂。

4. 病株应最后修剪，并注意工具消毒。

作　业

通过修剪实验实践，总结说明苹果整形修剪要点，并观察修剪后的反应。

（执笔人：廖明安、林立金）

实验 58

李的整形修剪

目的要求

通过实际操作，了解李幼树整形原则和主要方法，基本掌握不同树龄李的修剪方法。

材料及用具

1. 材料　李幼树、不同树龄的结果树。

2. 用具　枝剪、手锯、架梯或高凳、伤口保护剂等。

内容及方法

生产上李有自然开心形、自然丛状开心形和主干疏散分层形等树形结构，但多采用自然开心形。本实验以自然开心形为例说明整形修剪方法。

（一）树体结构

树高 2～3m，主干高 40～50cm，主干上交错均匀着生 3～4 个间距为 20cm 左右的主枝：第 1 主枝基角 60°～70°，第 2 主枝基角 40°～50°，第 3 主枝基角 30°，每个主枝上分生 2～3 个侧枝，在主枝和侧枝上着生结果枝组和结果枝，无中心干。

（二）幼树整形

1. 定干　新栽幼苗于距地面约 60cm 处短截，剪口下留 5～7 个饱满芽。若有的侧芽已萌发成副梢，则把整形带内的副梢在饱满芽处短截，并将其下所有副梢疏去。

2. 定植后第 1 年的修剪　当已定干的李苗萌芽后，将整形带以下的幼芽全部抹去；整形带内的萌芽，先疏去部分弱芽和复芽中并生的弱芽。当新梢长达约 15cm 时，按 10cm 左右间隔自上而下确定 3～4 个生长健壮、角度适中（约 45°）且分布均匀的新梢留作主枝。在新梢长达约 70cm 时于 50～60cm 处摘心，以促进下部二次枝梢生长和充实。冬剪时各主枝留 50～60cm 短剪，注意剪口芽留外芽，剪口下第 2 或第 3 芽留在发侧枝的方位。整形带内其余各枝梢，首先疏去与主枝重叠或长势偏旺的枝条，其他各枝梢在生长达20cm以后连续摘心或短剪，冬剪时再行疏去。

3. 定植后第2年的修剪 春季萌芽后及早抹去主干上、整形带内及三主枝基部10cm以内的叶芽，以及根颈部及伤口附近的萌蘖。对主枝和侧枝等进行摘心，一般主枝留40～50cm、侧枝留30～40cm、其他辅养枝的新梢留20～30cm摘心，以控制营养生长。对过密过旺的新梢，在夏季进行疏剪或短剪。冬剪时主枝留45cm左右短剪，如主枝生长势旺，可用弱枝领头；剪口芽留外芽，剪口下第2芽留在与第1侧枝相对生的方位；第1侧枝留30cm左右短截。

4. 定植后第3～4年的修剪 继续对主枝延长枝进行短截，同时选配第2、第3侧枝，并在各侧枝上适当选留培养结果枝组和结果枝。经过3～4年的整形，基本上可完成3个主枝和6～9个侧枝的培养工作。

（三）不同龄期树的修剪

1. 结果初期树的修剪 结果初期的李树生长旺盛，在整形时要明确主枝、侧枝之间的生长平衡和从属关系。对于生长势过强、开张角度小的主枝应适当加大角度，延长枝轻截，注意培养背后大型枝组，其他枝梢多疏剪，以缓和生长势。对于生长过弱、开张角大的主枝要抬高枝头角度，适当重截延长枝，其他枝梢多截少疏，并注意培养向上斜生大、中型枝组以增强其生长势（图58-1）。结果初期枝梢修剪以疏删为主，短剪为辅，因为李树初果期萌芽率、成枝力均高，当年抽生的枝梢上易形成花芽，若任其生长易造成枝多、树郁闭、开花多和结果少，影响产量。因此，对结果初期较易发生的直立和斜生性发育枝，以轻剪缓放为主，并结合拉枝改变枝条生长角度，以缓和生长势，促进花芽分化及促使形成各类结果枝，提高早期产量（图58-2），对旺长的发育枝和过密的中果枝、长果枝，应适当疏剪，以节约树体养分和改善通风透光条件。

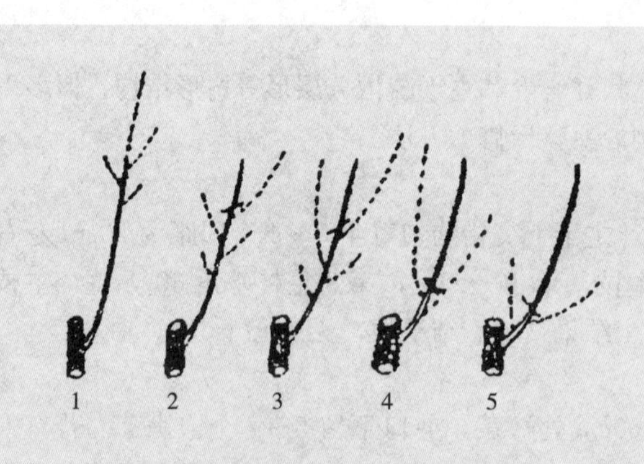

图58-1 结果初期树结果枝组的培养
1. 不剪 2. 轻剪 3. 中剪 4. 重剪 5. 极重剪

图58-2 当年生枝缓放后形成结果枝

2. 盛果期树的修剪　这一时期李树大量结果，修剪上力求保持一定的树势，协调营养生长与开花结果的平衡关系，以延长盛果期。具体修剪方法是：

对各级骨干枝的延长枝要适当重剪，个别主枝或侧枝因结果过多或其他原因而过于开张、生长势弱，则从延长枝的上芽处重剪，或选后部 2～3 年生、位置角度较直立的枝梢作延长枝，缩剪至 2～3 年生枝部位。

对树冠上层枝和外围枝应疏放结合，即疏密留稀，去旺留壮，对保留的枝梢缓放不剪或轻剪，以培养成新的结果枝，但缓放 2～4 年后要及时回缩，以免连年缓放致使结果部位外移和下部枯死光秃。回缩后先端发出的新梢，可选留一个中庸枝作延长枝，将其余的疏去，以削弱先端生长优势，延长下部花束状短果枝的经济结果寿命；对树冠中、下部的各类大、中、小型结果枝组，其上着生的花束状短果枝及一般中果枝、短果枝，若数量过多应及时适当疏除。疏除时要做到疏弱留强，去老留新，有计划地分期进行回缩更新复壮，控制枝梢密度和长度，利于丰产稳产优质（图 58-3）。

3. 衰老期树的修剪　衰老期李树的修剪，以重剪更新复壮为主。常对骨干枝进行重剪、回缩，对结果枝组也应回缩复壮，根据树势衰弱程度，骨干枝缩剪到 3～5 年生部位，以刺激潜伏芽萌发，抽生较多数量的发育枝、徒长枝，并从中选留位置、角度适宜的枝梢培养成新的骨干枝和结果枝组，重新构成树冠，延长结果年限（图 58-4）。

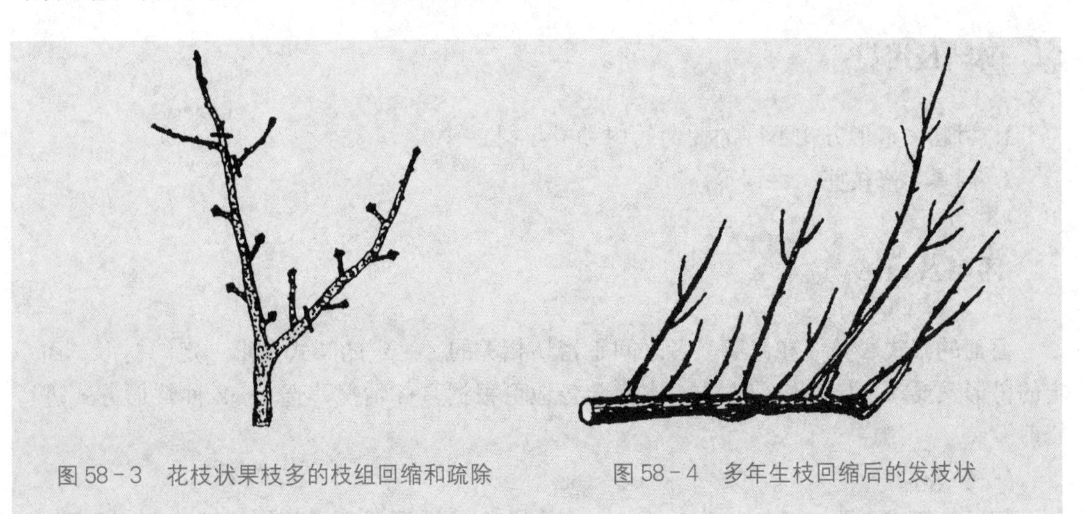

图 58-3　花枝状果枝多的枝组回缩和疏除　　图 58-4　多年生枝回缩后的发枝状

作　业

1. 根据李的生长结果习性，说明在整形修剪工作中应遵循的基本原则和采用的正确方法。

2. 观察李树势上强下弱、外满内空及结果部位外移等现象，分析其与整形修剪之间的关系。生产上如何杜绝这些现象的产生？

（执笔人：钟晓红）

实验 59

葡萄的整形修剪

目的要求

通过本实验，要求能够根据葡萄不同的整形方式进行合理的冬季和夏季修剪。

材料及用具

1. 材料 整形方式不同的葡萄幼树和成年树。

2. 用具 修枝剪、手锯等。

内容及方法

葡萄的架式、整形和修剪三者之间是密切相关的。一定的架式要求一定的树形，而一定的树形又要求一定的修剪方式。本实验各地可根据具体情况，选 1～2 种整形方式进行修剪。

（一）整形

葡萄的架式主要有棚架和篱架两种。多主蔓自然扇形既适于篱架又适于棚架。因此，下面以多主蔓自然扇形为例说明整形方式。

第一年：定植时在地面以上留 4～5 芽短截，萌发后选留 2～3 个强壮的新梢培养，当年冬季各留 50cm 左右在饱满芽处短截。

第二年：再从植株基部近地面处选留 1～2 个健壮的新梢培养成合格的主蔓。其余的留 2～3 芽短截，以培养枝组，弱枝全部疏除。

第三年：在各主蔓上配置 2～3 个结果枝组，每个结果枝组具有 1 个结果母枝和 1 个预备枝进行双枝更新，此时即可完成中型的自然扇形整形。

（二）冬季修剪

1. 留枝量的确定 根据树势强弱、萌芽率和果枝率的高低，确定留枝数量。一般篱架式或棚架式整枝者，在同一平面的主蔓上，每隔 25～30cm 留 1 个结果枝组。在生长季节，每隔 10～15cm 留 1 个新梢。

2. 枝蔓去留原则 根据留枝数量，选择位置适宜的健壮枝蔓作为结果母枝，多余的疏去。其去留原则可概括为“五去五留”，即去高（远）留低（近）、去密留稀、去弱留强、去徒长留健壮、去老留新。

3. 结果母枝的修剪

（1）长梢修剪：花芽分化部位较高的品种、生长势较强的植株及需要填补空间的母枝，采用长梢修剪，一般留 8～12 芽短截。

（2）中梢修剪：生长势中庸的植株和母枝，采用中梢修剪，一般剪留 5～7 芽。

（3）短梢修剪：花芽分化部位较低的品种、生长势较弱的植株及弱枝，则用短梢修剪，一般剪留 1～4 芽。

4. 更新修剪 为了防止结果部位上升太高或延伸太远，采用中长梢修剪时，通常在其下位留一个具 2～3 芽的预备枝（短截）。当中长梢结完果后，冬剪时将其连同母枝一起剪除，而预备枝上长出的 2 个新蔓，1 个长剪为结果母枝，另 1 个仍短截为预备枝。为了防止树体衰老，每年应保留一定量的萌蘖作为轮流更新主侧蔓之用。凡不作为结果母枝和预备枝用的枝条，无论是一年生枝或是多年生枝，都应疏除。

（三）夏季修剪

1. 抹芽定梢 葡萄嫩梢长到 5～10cm 时，可将多年生枝干上发出的隐芽枝（留作更新蔓和补空枝除外）和多余的生长枝抹去。同一芽眼中发出的 2 个以上嫩梢，选留健壮的，其余也抹去。

新梢长到 15～20cm 时，可进行疏枝、定枝工作。一般篱架每隔 10～15cm 留 1 个新梢，棚架每平方米留 15～20 个新梢。疏、定梢的原则是：留结果枝去生长枝，留壮枝去弱枝，短枝或枝组上则留下位枝去上位枝。

2. 摘心 结果枝于花前 1 周左右在花序以上留 4～6 片叶摘心，发育枝留 10～12 片叶摘心，延长蔓可留 15～20 片叶或更长一些摘心。

3. 副梢处理 副梢的处理分两种情况。若为结果枝上的副枝，一般把花序以下的全部抹去，上部的保留 2～3 个，当有 5～6 片叶时，留 2～3 片叶摘心。生长蔓上的副梢，其摘心与生长蔓同时进行（开花后），顶端 1～2 个副梢留 3～4 片叶摘心，下部的叶全部抹去。对以后连续发生的二、三、四次副梢采取同样摘心方法处理。

4. 疏花序和掐花序尖 根据树势及结果枝的强弱，适当疏去部分过多的花序，可使营养生长与生殖生长得到平衡。一般强梢留 2 穗，中庸枝留 1 穗，弱枝常不留果穗。在开花时或之前可将花序顶端掐去其全长的 1/5～1/4，以促进果粒发育，保证果穗紧凑。

5. 缚蔓及除卷须 当新梢长到 25～30cm 时，应用麻皮等材料将枝蔓均匀地缚于架面上，个别稀密不匀的新梢进行必要的调整。在对主、副梢摘心的同时，应随时除去卷须。

（四）注意事项

1. 葡萄的冬季修剪一般应在落叶后至次年伤流期之前进行，延迟修剪则会引起大量伤流，导致植株衰弱，影响生长和结果。

2. 葡萄冬季修剪对一年生枝短截时，节间长的品种，可在节上剪留 2～3cm 长的枝段保护剪口芽眼；节间短者，可在剪口芽上边一节的隔膜处下剪，保留完整的隔膜，但芽全剪掉。

3. 葡萄夏季修剪应在生长季节分多次进行。

作 业

1. 葡萄的夏季修剪主要采用哪几种方法？各有何作用？
2. 葡萄冬季修剪和夏季修剪对其生长和结果有哪些主要影响？

（执笔人：徐小彪）

实验 60

柑橘的整形修剪

目的要求

通过实验初步掌握柑橘幼树整形、结果树修剪、老树更新的原则及方法。

材料及用具

1. 材料　柑橘幼树、成年树及衰老期植株。
2. 用具　手锯、修枝剪、嫁接刀、嫁接膜、小竹签、接蜡等。

内容及方法

(一) 幼树整形

根据柑橘的种类、品种特性和园地环境条件，进行幼树整形。在我国南方，矮干、3～4条开张适度的主枝、枝梢密集、树形紧凑的圆头形树冠，有利于早结果、丰产及稳产。

1. 定主干及留主枝　定植成活后，未经苗圃整形的苗木在发新梢前留干高45～50cm，剪去上部（广东在苗圃整形，一般在23～30cm剪去上部）。留干高度视品种、园地情况而定，枝条易下垂品种或植地易水淹可高一些。发新梢后，在主干离地面25cm以上（视定干高低而变化），选留生长强壮、分布均匀、两梢间相距10cm左右的新梢3～4条为主枝，其余新梢（除留作辅养枝外）全部抹去，存下的新梢长至15～20cm摘心。

2. 调整主枝角度　各主枝开张角度与主干延长线成40°左右为宜，最上一主枝开张角度稍小，最下一主枝开张角度较大。又视种类、品种而适当调整：椪柑、甜橙、蕉柑等主枝开张角度较小，可用绳索、竹木拉开或撑开；温州蜜柑、柠檬等主枝开张角度较大，要用绳线拉枝或竹木扶起。若夹角很小，要把角度拉大，为防止把主枝撕裂，应预先用绳线扎夹角，然后拉枝。拉开的角度要比预定角度大些，以便抵消解缚后枝条弹回所减小的角度。同理吊枝扶起时，要吊高一些，在调整主枝角度的同时，还要注意使主枝均匀分布，当主枝萌发新梢后，每主枝上选留3～4条分布均匀、生长势均衡的新梢为二级分枝，摘去多余新梢。待新梢生长即将停止时留15～20cm长摘心，同时解缚，以免妨碍枝梢生长。

（二）结果树修剪

对柑橘结果树的修剪以轻为原则，依树龄及种类品种而略有不同。甜橙、蕉柑等内膛枝结果良好，修剪更要轻。幼年结果树要保证树冠发育良好，结果母枝迅速增多和防止落果，故除了抹除夏梢以防止夏梢大量发生引起落果外，同样要尽量保留绿枝叶。

1. 温州蜜柑的修剪 温州蜜柑在放任生长的情况下树形开张，枝梢易徒长拉长、下垂，因此在整形的基础上要结合抹芽控梢，促进梢多而相对减小其长度，及早对太长的枝梢摘心，对披垂枝吊高或扶起。进入结果期后要根据温州蜜柑比较喜光、树冠外围结果多品质好、春梢太多易引起大量落果等特性进行修剪，在树冠顶部造成较多的凹凸，树冠内部也能受光照良好。修剪时一般只剪除枯枝、病虫害严重的枝条、内膛过于密生及细弱枝。对下垂枝，离地面约30cm处短截。对徒长枝，位置不适当者剪除，可以利用者留长约30cm短截。树冠外围枝要删密留疏，去弱留强。对去年结果枝，采果后弱者留2～3个芽短截，强者留作副梢或在饱满芽处短截；对细弱结果母枝，可剪去或留到壮芽处短截；对3～5条并生枝，可疏剪中央的1～2条。

2. 甜橙的修剪 甜橙具有树冠内外均能结果的特性，使内膛枝多结果在高产优质上有重要作用。修剪时不必造成树冠表面过大的凹凸，剪除枯枝、严重病虫害枝、细弱枝、扰乱树势的交叉小枝。对树冠外围过密枝条，掌握“去弱留强，间密留稀”的原则，适当疏剪。对树冠四周横斜伸展的小枝上发生的较大枝条，因重力关系易下垂成结果母枝或枝组者应予保留，待发展到妨碍其下一层的枝梢生长时才适当疏剪；对过分下垂的枝条行短截。对徒长枝，发生于树干或主枝上的一般没有保留的必要，应自基部及早剪除；若发生于树冠内空缺部分，可短截促分枝。对结果母枝及结果枝同样视生长强弱进行修剪，衰弱、叶片枯黄的结果枝自基部剪除，充实健壮者只剪去果梗，衰弱的结果母枝从基部剪去或从有健壮营养枝处剪去，强壮者保留，或剪去结果枝保留健壮的营养枝。

（三）衰老树更新修剪

因树衰老，或栽植过密、受病虫及其他自然灾害、管理不善等而衰弱，致发枝无力、结果甚少的植株，应及时更新复壮（图60－1）。

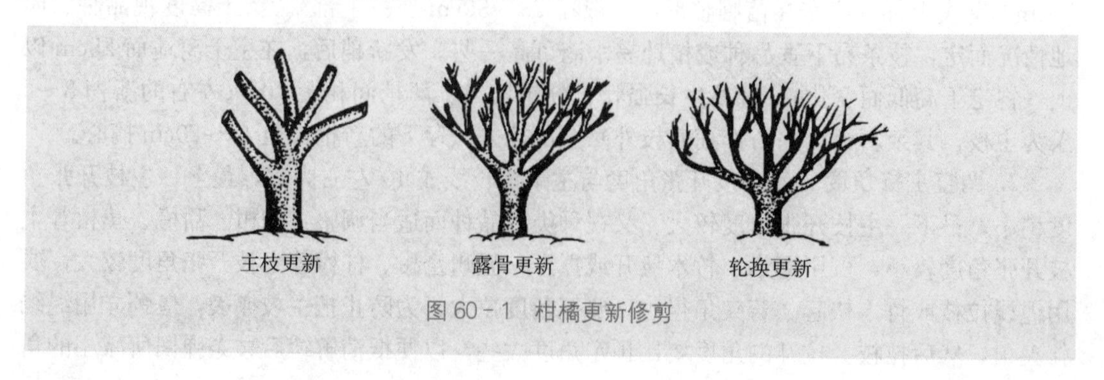

图60－1 柑橘更新修剪

1. 主枝更新 对严重衰弱的老树采取主枝重剪，在离主枝基部70～100cm处锯断，将其上的骨干枝强度短截，锯平修光伤口涂接蜡保护，主干和主枝用稻草包扎或刷白，并结合适当范围深耕施基肥更新根群，地面覆盖保湿护根。新梢发生后疏芽，每条分枝只留2～4条分布均匀的新梢构成新树冠骨架。

2. 露骨更新 对少结果或不结果的衰老树，在树冠外围将直径为2～3cm的枝条短截，或将2～3年生的侧枝全部剪除，骨干枝基本保留。剪口要削平，涂接蜡，并注意防日灼，保护大枝干。当年抽生大量新梢后，及时疏芽留梢和对长梢摘心。

3. 轮换更新 对部分枝条尚能结果的衰老树，在2～3年内，对主枝轮流进行短截重剪，对部分过密过弱的侧枝加以删疏，生长较强壮的枝叶保留，每年更新部分，保持一定产量，又促进新梢生长更好，日灼也较少。

作 业

1. 衰老树为什么能更新复壮？试论述其理论依据。
2. 柑橘成年树是否需要更新？如需更新，应在什么情况下进行？如何更新？
3. 柑橘幼年树的抹芽控梢有哪些效果？其生物学原理是什么？

（执笔人：陈杰忠）

实验 61

枇杷的整形修剪

目的要求

通过实际操作，基本上学会枇杷的整形和修剪方法，初步掌握枇杷的整形修剪特点。

材料及用具

1. 材料　枇杷的幼树和成年树。
2. 用具　修枝剪、手锯、高梯、保护剂等。

内容及方法

(一) 整形

枇杷为中心干树形，顶芽优势明显，若放任自然生长，易造成树形高大，树冠内膛郁闭，内膛侧枝和结果枝容易枯死，结果部位外移，果型变小，产量降低。因此，必须对枇杷树进行整形修剪，保持树势，以达到丰产、稳产、优质的目的。

枇杷整形应根据品种特性造型，抑制顶端优势，使树冠结构合理，骨干枝粗壮，枝条分布均匀，通风透光，方便管理。整形时为适应这种特性，一般多采用分层的变则主干形。枇杷的分层树形，主干高 40～60cm，主枝 3～4 层，全树共 10～12 个主枝，第 1、2 层各留 3～4 个主枝，第 3、4 层各留 2 个主枝，层间距 50～80cm。各主枝着生副主枝 2～3 个。3～5 年后即可形成树冠。

整形步骤：枇杷定植后在 60～80cm 处短截。待剪口下方抽出枝条后，选上方较强的分枝作中心干延长枝。在其下选 3～4 个方位合理、生长健壮的斜生枝条作主枝，其余的芽尽早除去，以节省养分。在栽植后的第 3 年及第 4 年，如上法选留主枝及中心干延伸枝，但这两层的主枝应少于第 1～2 层。树冠形成后，最上部留一斜生枝为顶生枝。在枇杷整形阶段，若主枝、副主枝先端出现花蕾应及时摘除，以利于其继续延伸。

（二）修剪

枇杷的修剪方法比较简单易行，一般以轻剪为主，重剪会导致树势衰弱。主要是疏除过密枝、枯枝、徒长枝，使养分集中供应。这样有利于通风通光，避免内膛荫蔽、枝条光秃、结果部位外移，使形成立体结果。

1. 过密枝的修剪　枇杷顶芽附近的腋芽常抽生 3～6 个侧枝，易形成轮生的密生枝。在中心干上作为各层主枝的一般按不同方向留 3～4 个侧枝，其余疏剪。从各层主枝上抽生的各级分枝的留梢量随分枝级数增多而递减，一般选留 1～2 个强壮侧枝，其余细弱的枝疏剪。

2. 徒长枝的修剪　幼树或生长旺盛的树易发生徒长枝扰乱树形，宜将其自基部剪去。如所在部位有空隙，可留 1/2 或 1/3 短截，使抽生结果枝。

3. 骨干枝的修剪　为保证主枝及副主枝的强势生长，在其上如有较强的枝梢发生，宜从基部剪除或于基部留一部分枝回缩。剪除大枝时要慎重，要观察大枝本身及其周围枝的情况，不能造成树冠有大空隙，引起日灼，有时要在 2～3 年内分次将基部剪除。

4. 结果母枝的修剪　结果母枝过多而与树势不相适应时，应疏除部分弱的结果母枝。对留下的过多的结果母枝和大、强结果母枝宜在基部留 2～3 个芽短截，以便明年再发新梢，成为新的结果母枝。

5. 结果枝的修剪　结果枝在果实采收后，生长势弱的从基部剪去，其余的在基部留 2～3个芽短剪，促使腋芽抽生夏梢，并从中选留 1～2 条发育良好的枝条，使其当年形成结果母枝，次年继续结果。

作　业

1. 简述枇杷变则主干形的整形要点。
2. 通过实验操作，说明枇杷树的修剪特点。

（执笔人：佘文琴）

实验 62

荔枝的整形修剪

目的要求

通过荔枝整形修剪，初步掌握幼树整形和结果树修剪的基本原则及方法。

材料及用具

1. 材料　荔枝幼树和结果树。

2. 用具　枝剪、手锯、梯子、木桩、绳子等。

内容及方法

（一）幼树整形修剪

对荔枝幼树进行整形修剪，可促使早结、丰产、稳产树冠较早形成。整形修剪应根据各品种的特性及物候期进行。

1. 整形　荔枝幼树整形的目的在于使主枝和侧枝分布均匀，形成较开张的圆头形树冠。主干高度一般在30～50cm，主枝3～4条且分布均匀。幼年荔枝每年可发新梢4～5次，应利用这种多次发梢的特性尽早造就具结果能力的树冠。对于枝条短而密集的品种，如怀枝、糯米糍等，可先任其自然分枝，然后适当疏除过多分枝或纤弱枝，让留下的分枝尽快老熟粗壮。对于粗枝大叶的品种，如三月红、圆枝、妃子笑等，可在新梢长至20～25cm长时摘顶，或在新梢转绿后按25～30cm长进行短截，以促进枝条老熟及尽快萌发新梢。在整形过程中，若发现主枝或副主枝分枝角度过小，可用拉绳或吊石的方法使分枝角度加大；若分枝角度过大，要用吊枝或撑枝的方法调整，这些处理宜在新梢萌芽时进行。

2. 修剪　荔枝幼树修剪的目的是使枝条分布均匀，疏密适度，通风透光，形成较好的树冠。幼树修剪多在冬季进行，主要剪除过密枝、交叉枝、枯枝、病虫枝和弱小枝，原则上应该轻剪。在每次新梢老熟后而下一次新梢萌发前常常也进行修剪，对生长过旺的徒长枝或直立枝作疏剪或短截处理。对粗枝大叶品种也常于新梢萌发前短截枝条，以求获得多一点分枝。

（二）结果树修剪

荔枝结果树修剪的目的是平衡生殖生长与营养生长的关系，培养健壮的枝梢，增强树冠通气透光性能及光合效能，减少病虫危害。

1. 修剪时间　荔枝结果树的修剪一般在采收后和冬季进行。青壮年树一般每年修剪一次；老年树生长量不大，可 2～3 年修剪一次。采后修剪应在采果后 1 个月内进行。丘陵山地荔枝最好在采果后 20d 内修剪完毕，修剪常与松土、施肥和灌溉配合，以促进秋梢萌发。冬剪在冬末春初花序吐出时或春梢萌发前进行，常做秋剪的补充工作。

2. 修剪程度　不同品种荔枝的修剪程度不同。枝条疏而长、树冠内部也能结果的品种，如三月红、圆枝等，若树冠内部较空，应保留适量枝梢，以利结果和遮蔽掩护枝干。怀枝、糯米糍等品种枝叶密集，树冠内部枝条难结果，修剪宜重。

修剪程度还因树势而异，通常弱树、老树轻剪，旺树及青壮年树重剪。但老树要做更新处理时需要做较重的回缩修剪。

3. 修剪方法　荔枝修剪的主要方法是疏剪和短截。疏剪用于剪除徒长枝、过密枝、交叉枝、枯枝、落花落果枝、病虫枝和弱小枝。短截主要用于修整采果后的结果母枝和短剪徒长枝。结果母枝的修整通常在结果枝与结果母枝的交界处下剪。对萌芽力和成枝力较强的品种或树势较壮旺的树，剪口位置可稍超越交界处。徒长枝短截时一般应留下 25～30cm 的枝段。粗枝大叶品种新梢过长时也常需短截。

在进行修剪时，宜从树冠内部到外部，从大枝到小枝，避免剪后树冠外围局部空缺过大。经修剪后树冠枝条应分布均匀，疏密适度，以阳光透过树冠后在地面散布均匀的小光圈（俗称“金钱眼”）为宜。

作　业

根据实际操作的体会，总结不同品种、树龄、树势的荔枝树的修剪要点。

（执笔人：周碧燕）

实验 63

火龙果的整形修剪

实验目的

了解火龙果主要的树形结构，掌握基本的整形修剪技术。

材料及用具

1. 材料　生长健壮、长势良好的火龙果幼苗与开花结果的植株。

2. 用具　手套、枝剪、立柱、宽布条和粗绳子等。

内容及方法

(一) 整形

常用的火龙果种植方式有 2 种：立柱式架型栽培和 A 字形排架栽培。

1. 立柱式架型的整形

(1) 培养主干：在定植后至幼苗达到顶盘前，只选留靠近上部的生长健壮的 1 个茎芽进行培养，其余侧芽全部剪除，待其长至 10～15cm 时，采用宽布条或粗绳子将幼蔓绑缚于立柱上，引其沿支柱向上生长。

(2) 选留主枝：当主干即将长至顶盘时，及时打顶促其长出侧芽，留不同方位的 3～4 个芽培养成主枝，并让其绕过顶盘自然下垂形成结果母枝，长至 20～40cm 时进行短截，促进侧枝的生长。

(3) 培养结果枝：当侧枝长 80～120cm 时，需摘心并小心扭伤基部，促进其下垂，诱导花芽分化，进而开花结果。后期火龙果植株达到丰产时，每株火龙果预留 8～12 枝结果枝。

2. A 字形排架的整形

(1) 培养主干：定植后，选留靠近上部的生长健壮的 1 个芽体进行主干培养，其余芽体全部疏除，待其长至 15～30cm 时，采用塑料绳或布条绑缚于水平支架上，引其直立向上生长至顶部水平支架处。

(2) 选留主枝：当主干即将长至顶部支架时进行摘心处理，使其长出不同方位的主枝 2 枝，分别绑缚于水平支架的不同方位，待长至 20～30cm 时进行打顶处理，以使其水平方向的枝条生长出结果枝。

(3) 结果枝诱引：当结果母枝上所留的结果枝长至 80～120cm 时打顶，将结果枝诱引下垂，以诱导花芽分化，进而开花结果。

(二) 修剪

火龙果从定植到开花结果需要 12～14 个月的时间，不同发育期的枝条作用有所不同，修剪方式也有所不同。

1. 1 年生枝蔓的修剪 对于当年萌发尚未成熟的枝条，待其长至 80～120cm 长时进行短截，短截长度不应超过该枝条长度的 1/4，有利于其早期开花结果；在短截当年萌生的枝条，需预留一部分枝条作为植株所需糖分的供应者；枝条短截后，若萌发的芽体为茎芽，应将其全部疏除，以减少新梢与花芽竞争养分。

2. 1～2 年生枝条的修剪 该枝条最易开花结果，在修剪时要适当选留，一般每株选留 8～12 枝。在选留结果枝条时应避开冬季低温，以免造成冻害，当年选留的未成熟的枝条最好不留果或待其自然生长健壮老熟后才留果；已发育成熟的枝条不易受冻，是重要的结果枝。

3. 3 年生以上老枝的修剪 一般在当年最后一批果实收获后进行。3 年生以上的枝条多数芽眼已开花结果或萌发为枝条而不再具有开花结果的能力。为避免支架承载过重和营养消耗过多，结过果的 3 年生以上老枝可从枝条基部全部剪除，以重新培养次年结果枝。

作 业

1. 比较分析整形修剪后火龙果的长势与未整形修剪的差异，总结火龙果整形修剪的优点和注意事项。

2. 分析立柱式架型和 A 字形排架的修剪特点。

(执笔人：杨转英)

实验 64

果树的人工辅助授粉

目的要求

练习对苹果、梨或荔枝树进行人工授粉的方法，从中加深对人工辅助授粉可提高坐果率的认识。

材料、试剂及用具

1. 材料 选择开始进入花期的成年苹果、梨或荔枝树。

2. 试剂 滑石粉或白薯淀粉作为苹果、梨花粉稀释材料，蔗糖作为荔枝花粉稀释材料。

3. 用具 镊子、手摇采花药机、干燥箱、广口瓶、塑料薄膜、小玻璃瓶、毛笔、水桶、喷雾筒、纱布等。

内容及方法

（一）采集花粉

1. 苹果、梨花粉采集 苹果或梨树初花时，从适宜的授粉品种树上采含苞待放或刚开的花，供采花用的树要长势健壮、花量较多。采花时以树冠外围的花为主，留单果者采边花，留双果者采中心花。采集的花带回室内后，要及时取下花药。取花药可用人工方法，用镊子摘下；也可利用手摇采花药机内的毛刷扫落。花药取下后，拣去混入的花丝、花瓣等杂物。采集的花药放干燥室（或干燥箱）中使干燥散粉。干燥室要通气，室温要求20～25℃。花粉薄铺在垫纸的木架上，每天轻翻2～3次，经约2d时间，花药干燥即可散出黄色花粉。花粉干燥后，装入广口瓶内，放在干燥低温的地方备用。

2. 荔枝花粉采集 采集荔枝雄花最好在晴天的下午2：00—4：00进行。先于树下铺一块塑料薄膜，然后手持细枝条，轻摇花序，让花药或雄花脱落，去除同时掉下的枯枝、落叶或小虫。将收集到的花药及雄花集中后随即薄铺纸上在夕阳下照晒，促进花药干燥散粉，收集散开的花药及散出的花粉，保持干燥。

（二）苹果、梨的人工点授

1. 花粉稀释 花粉稀释前应检查花粉发芽率。发芽率高者稀释倍数应大，一般为 3～4 倍；反之则小，1～2 倍。通常以滑石粉或白薯淀粉作稀释材料。

2. 点授方法 授粉的最适时间是上午 9：00—10：00 和下午 3：00—4：00。当天开的花最好能在当天点授。点授的方法是：一手拿盛花粉的小玻璃瓶，一手拿毛笔，用毛笔蘸花粉点于正在开放的花上。每蘸一次可授 5～10 朵花。授粉时要根据树体结果承受能力来决定点授量。

（三）荔枝的液体喷雾授粉

1. 花粉液的配制 取经干燥处理的荔枝花粉花药混合物 100g 及蔗糖 250～500g 置于盛有约 15L 水的桶中，用木棍轻轻搅拌一会儿，使花粉均匀分散于水中。注意不能搅动过猛，以免花粉液呈茶褐色而影响花粉发芽。用纱布过滤此花粉液，稀释至 50L。

2. 喷雾授粉 花粉液配制好后须立即使用。荔枝人工授粉的最佳时间是上午 9：00—10：00，即当天开放的雌花的柱头分叉很白嫩很直的时候。喷雾时要喷湿整个花序。

作 业

1. 取苹果或梨或荔枝树若干，分成 2 组，1 组人工授粉，另 1 组对照。调查并报告人工授粉在提高坐果率中的效果。

2. 试述人工辅导授粉提高坐果率的机理。

（执笔人：陈杰忠）

实验 65

果树的环割保果

目的要求

通过实际操作，学习环割保果的方法，并掌握不同树种环割保果的技术要点。

材料及用具

1. 材料　枣树、柿树、柑橘、荔枝或其他需应用环割技术进行保果的果树。

2. 用具　环割刀、刮刀、塑料牌等。

内容及方法

（一）环割处理

学生可参考下面一些树种的环割方法进行练习。

1. 枣树的环状剥皮　环状剥皮常用于小枣，但大枣上亦有应用。一般在盛花期进行，但对花期容易着果而花后落果严重的品种宜在盛花末期到生理落果高峰期前进行。在距离地面 15cm 左右的树干上，先用刮刀将老皮刮去一圈，然后用利刀在这个部位环割两圈，深达木质部，两个圈相隔 0.4～0.6cm，将两圈间的树皮剥下。每年或隔年做一次这样的处理，剥皮部位每年向上移动 3～5cm，至分枝处再从距地面 15cm 处重新开始。现用环割刀环状或螺旋状剥皮一圈，宽 0.4～0.6cm。

2. 柿树的环状剥皮　柿树的环状剥皮多在其开花一半时进行，在长江流域一般以6 月上旬为最适宜。可在主干或主枝上进行剥皮，也有在结果树基部或结果母枝中部进行剥皮者。剥皮宽度通常为 0.3～0.6cm。一般认为，柿树不一定要年年剥皮。

3. 柑橘的环割　柑橘如椪柑、蕉柑等环割保果的处理时间一般在谢花后，但若花量较少，可适当提早。谢花时在主干或主枝上以利刀环割一圈，20d 后在其上 5～6cm 处再环割一圈。

4. 荔枝的环割 为使幼年荔枝树结果，很多荔枝产区使用环割技术促花和保果，尤以幼年糯米糍、妃子笑和桂味应用普遍。荔枝保果通常在谢花后 3～5d 进行，在主干上环割一刀，宽 0.2～0.5cm，深达木质部。也可以在开花前的花蕾期环割一刀进行保果。

（二）观察环割效果

在处理树及对照树的树冠中部东、南、西、北 4 个方向各选 2 个有代表性的枝条或花序，挂牌标号，记录谢花时的小果数，谢花 1 个月、谢花 2 个月时的小果数，评价环割或环状剥皮处理的保果效果。

（三）注意事项

在进行本实验前应根据经验选择最适的环割方法和处理时间，植株做环割处理以后影响了根系的生长及其吸收肥水的能力，故实践过程应遵守下面的原则：①弱树、老树不割；②处于逆境条件下的植株不割；③割后要注意加强根外追肥。

作 业

选当地常用环割技术保果的树种对 3 株树做环割处理，另取 3 株树作对照，根据实验要求观察环割或环状剥皮的保果效果。

（执笔人：陈杰忠）

实验 66

果树的疏花

目的要求

通过实际操作，学习疏花的方法，并掌握其技术要点。各地可根据实际情况，选做部分内容。也可在其他树种上实践疏花。

材料及用具

1. 材料　开花期的龙眼、荔枝、黄皮、桃、枇杷等果树。

2. 用具　枝剪、果剪。

内容及方法

（一）龙眼适时疏折花穗

龙眼及时疏除花穗，可促进植株生长强壮，增加叶面积，不仅对结果有利，而且使留下的花穗结果良好，对当年丰产、提高果实质量起较大作用。通常在花穗长 10～15cm、花蕾饱满而未开放时进行。疏折太早不易辨别花穗好坏，且易导致抽发二次花穗；太迟往往失去应有的作用。但各年应根据大小年程度及气候情况而掌握时间：大年宜迟，否则易重发花穗，小年宜早；抽穗初期气候寒冷可稍早，气候暖和可略迟。疏折花穗部位因疏花穗节气和树势强弱而有所不同。清明前后疏者，可在新旧梢交界处以下 1～2 节疏折；谷雨前后疏者，在新旧梢交界处以上 1～2 节折除。如折得太深，新梢萌发无力；折得太浅，易抽吐二次花穗。对树势壮、抽梢力强的可折深些，树势弱应折浅些。疏折花穗数量应视树势、树龄、品种、施肥管理等不同而异。树壮、管理好的，可疏去总花穗的 30%～50%；树弱、管理差的，可疏去 50%～70%。若疏花过多，则降低产量。

疏折花穗的方法大致可按照“树顶少留，下层多留，外围少留，内部多留，去长留短，折劣留优”的原则。树顶和外围少留花穗，以促其发梢，并遮阴树体。同一枝条并生2穗或多穗者，只留1穗。患病花穗应全部剪除。所留花穗必须有适当距离，均匀分布，通常掌握两手所及范围内留5～6穗，以梅花式分布为宜。

(二) 桃树的人工疏花

桃树由于花量大、坐果率高，消耗养分大，故较注意疏花，甚有“疏果不如疏花，疏花不如疏蕾”之说。疏花从主栽品种盛花末期开始，到落花前疏完。操作时先按树定产，以产定果，以果定花，但要留有余地。留早开的花、色深的花、枝条两侧的花、发育正常的完全花和健壮果枝上的花；疏晚开的、色浅的、着生在枝条上下位的畸形或病虫危害的以及细弱枝、更新预备枝上的花。留花标准是：长果枝结2～3个果，留4～5朵花；中果枝结1～2个果，留2～3朵花；短果枝或花束状果枝结1个果，留2朵花；徒长性果枝结5～8个果，留8～14朵花。

疏花时先疏树冠上部，后疏下部；先疏内膛，后疏外围；先疏主侧枝延长枝、预备枝或更新母枝，后疏结果枝。预备枝和更新母枝上的花应多疏或全疏。幼树的侧枝头可不留花。但休眠期遇大冻害，花期遇低温、霜冻、大风、暴雨时不能疏花。

(三) 枇杷的人工疏花

1. 疏花穗　一般在花穗抽出、尚未开花时疏除50%～60%的花穗（日本疏去25%～50%），北缘产区不疏花穗。根据大年多疏、小年少疏，去外留内、去迟留早、去弱留强和树冠上部多疏的原则进行疏花穗。对大果型品种，基枝有4～5个花穗的可疏去2～3穗，从花穗基部折断，尽量保留叶片。中小果型品种则逢5去2，逢4去1～2，疏去叶片少、发育差或有病虫的花穗。

2. 疏花蕾　疏花蕾掌握在侧花穗轴刚分离时进行为宜。一个花穗留2～5个侧花穗，大果型的仅留1～2个。可摘除主侧轴末端占全长1/3的花蕾；对花穗紧凑短小的，可疏去基部和顶端的侧花序，只保留中部3～4个；还可疏去中上部的，留基部2～4个侧花穗。对花序向下弯曲的品种或在有霜冻的地区，基部侧花穗不宜疏去。

作　业

根据实际情况对一树种的2～3株树做疏花疏果练习，报告实习体会。

（执笔人：陈杰忠）

实验 67

果树的疏果

目的要求

通过实际操作，学习疏果的方法，并掌握其技术要点。各地可根据实际情况，选做部分内容。也可在其他树种上实践疏果。

材料及用具

1. 材料　进入果期的苹果、桃、枇杷等果树。

2. 用具　枝剪、果剪等。

内容及方法

（一）苹果的疏果

1. 人工疏果　苹果的人工疏果一般在花后 1 周到 6 月生理落果期间进行。最好分两次疏果：第一次为粗疏，初步调整一下距离、密度和部位等，其留果量要比应留量多些，易落幼果品种要多 1 倍以上；第二次是定果，在 6 月落果前进行，只留下应负担的果量，或略多一点。

在疏果时，首先根据树龄、树势确定具体单株的适当负载量，然后根据各主枝的大小、强弱来分担产量。一般强树强枝多留果，病弱树弱枝少留果；果台副梢生长势强的多留，弱的少留或不留。

在具体操作时，可按多种习惯做法进行：可按 30～50 片叶留 1 果；或按 16～20cm 距离留 1 果；或按果枝比例每 2～4 个长新梢或 5～6 个短新梢（包括叶丛枝）留 1 果；或花多时隔码（花序）留单果或隔双码、多码留双果，花少时隔码留 3 果，等等。

疏果时应在果梗中间剪断，勿伤果台，保护好留下来的莲座叶和附近的果实。

2. 化学疏果　由于气候条件和品种差异，化学药剂疏果尚无满意效果。近年使用比较有效的是西维因 600～1 200 倍液，于花后 1～3 周喷洒，对疏除部分幼果比较有效。此外，花后 10～21d 喷萘乙酸 2～8mg/L 或萘乙酰胺 5～17mg/L 均有一定效果。

（二）桃的人工疏果

桃大多数品种着果率高，结果过多导致树势弱、果型小、品质劣，且易形成大小年结果，甚至大枝枯死，树势衰退。因此，保持树体合理留果量是维持树势、提高品质、连年丰产的重要措施。

桃疏果一般进行两次，疏果时期依品种、地区而异。如杭州第一次疏果一般在 5 月上旬进行，第二次定果在 5 月中下旬。着果率高的品种如白凤、塔桥、玫瑰露、玉露、大久保等宜早疏，生理落果严重的品种如砂子早生、丰黄、蟠桃等要晚疏。成年树、弱树宜早疏，幼、旺树则晚疏。花期气候良好宜早疏，连续阴雨低温则晚疏。第一次疏果可保留计划着果量的 1 倍左右，第二次疏果后即行套袋，定果必须在 5 月中下旬前完成，否则效果不大。

留果标准应根据树冠大小、树势、果型和培肥条件而定。桃树的叶果比，一般早熟种 30∶1，中熟种 40∶1，晚熟种 50∶1。第一次疏果先疏除双果、小果、畸形果。定果时一般长果枝留 2～3 个果，中果枝每 2 枝留 1 个果，短果枝（含花束状果枝）每 6 枝留 1 个果；中果型品种可适当多留，树冠上部、外围适当多留。留果部位，长果枝留中上部，中、短果枝宜留先端部位。成年树强枝多留，弱枝少留或不留。果实着生于结果枝的下方或侧生者为好。

（三）枇杷的疏果与套袋

枇杷疏果在谢花后至幼果蚕豆般大小之前进行。在无冻害地区，通常在 2 月上旬幼果如花生米大小时进行；在有冻害地区，则应在寒潮过后的 3 月中旬至 4 月上旬进行。疏果首先疏去病虫果、畸形果、冻害果，再疏去过密果。每穗留果数依地区、品种和树势而定。大果品种每穗留 3～4 果，中果品种留 4～6 果，小果品种留 6～8 果。强旺树、枝粗叶多的适当多留，反之则少留。通常将果穗中部大小一致的幼果留下。

疏果后应立即套袋，对减少裂果、果锈、日灼和病虫鸟类危害，增进外观品质和果品安全大有益处。可用牛皮纸做果袋，果袋可分单层、双层两种，最好表面有反光膜或防水材料。

作　业

根据实际情况对一树种的 2～3 株树做疏花疏果练习，报告实习体会。

（执笔人：陈杰忠）

实验 68

植物生长调节剂的配制及施用

目的要求

掌握植物生长调节剂常用剂型的配制方法及施用方法。

材料及用具

1. 材料 萘乙酸、吲哚乙酸、吲哚丁酸、2,4-D、赤霉素（或九二〇）、乙烯利、6-苄氨基嘌呤（6-BA）、比久（B_9）、多效唑（PP_{333}）、矮壮素等植物生长调节剂；蒸馏水、95%乙醇、羊毛脂、滑石粉、1mol/L 盐酸、1mol/L 氢氧化钠；处于萌芽期、花芽分化期或果实发育期的果树或果树的繁殖材料。

2. 用具 天平、烧杯、玻璃棒、酒精灯、喷雾器等。

内容及方法

（一）常用剂型的配制

1. 水剂 根据使用的药液量、药液浓度计算出用药量。用天平准确称取供配制的植物生长调节剂。B_9、多效唑、乙烯利等可直接溶于水中应用；吲哚乙酸、吲哚丁酸、赤霉素等用95%乙醇溶解后再用水稀释；2,4-D、萘乙酸等要用1mol/L 氢氧化钠加热溶解后再用水稀释；6-BA 则要用1mol/L 盐酸加热溶解后再用水稀释。后两种情况在使用前要检查药液的 pH。

2. 粉剂 粉剂多用于插条繁殖，药剂多为吲哚丁酸、吲哚乙酸等。先用95%乙醇将称好的植物生长调节剂溶解，然后按需要的比例混入滑石粉，搅拌使充分混合并呈糨糊状（可添加乙醇）。待乙醇挥发后，滑石粉干燥便成为具有一定植物生长调节剂含量的粉剂。

3. 油剂 油剂多用于空中压条繁殖，药剂多为吲哚丁酸、吲哚乙酸等。先用95%乙醇将称取的植物生长调节剂溶解，然后按需要的浓度加入一定量的羊毛脂，用水浴加热使羊毛脂融化，充分搅拌至药液均匀分布在羊毛脂中，冷却至糨糊状即得具有一定植物生长调节剂浓度的油剂。

（二）施用方法及应用

1. 喷洒法　用喷雾器将水剂直接喷于果树植株上。取盛花后1周的苹果树，用1 000mg/L的B_9喷洒树冠。或选谢花后10d的荔枝树，用5mg/L的2,4－D液喷洒树冠，可明显提高坐果率。喷洒前加入少许肥皂片、洗衣粉或吐温－20可提高药液的展着力。

2. 浸法　取柑橘种子，用100～200mg/L的赤霉素药液浸种24h，可使柑橘种子提早发芽，提高发芽率；或取葡萄绿枝插条，于扦插前在1 000mg/L的吲哚丁酸液中浸5s，可促进生根。

3. 蘸法　取柠檬或葡萄硬枝插条，先用清水浸湿基部，然后蘸含量为1/1 000的吲哚丁酸粉剂再行扦插，可提高发根率。

4. 涂抹法　荔枝或番石榴作空中压条繁殖时，在环剥口的上口，用5 000 mg/L吲哚丁酸羊毛脂油剂涂抹伤口，或用3 000mg/L萘乙酸水剂涂抹伤口，然后包裹基质或泥土，可提高压条苗的成活率。

5. 土壤浇灌法　温州蜜柑夏梢萌发初期用1 000 mg/L矮壮素进行根际浇灌，可抑制夏梢生长。

6. 熏蒸法　取香蕉置于容器中，注入乙烯气体（可用乙烯利加氢氧化钠发生），在20～22℃条件下保持24h，可启动香蕉的后熟作用。

作　业

1. 配制某种植物生长调节剂的一定浓度的水剂或羊毛脂油剂。
2. 根据实际条件，在果树材料上练习1～2种施用植物生长调节剂的方法。

（执笔人：周碧燕）

实验 69

果实的采收、分级和包装

目的要求

通过实践，掌握果实的采收、分级和包装方法。

材料及用具

1. 材料　苹果、梨、桃、葡萄、柑橘、荔枝等结果树。
2. 用具　采果梯、采果袋、包装容器等。

内容及方法

（一）采收适期的确定

采收的成熟度因果实的用途、贮藏和运输的要求不同而异。鲜食用果实要求达到该品种固有的色泽、风味和香气，果实的可溶性固形物含量也达到一定的指标，肉质变软。贮藏用果实的采收时间应比鲜食用果实略早一些，一般达八成熟，果肉尚坚实而未变软时即可采收。加工用果实的成熟度因加工制品的种类不同而异，制蜜饯用果实应在果皮着色良好时采收，制糖水罐头用果实应在果实完熟期前 3～5d 采收。采种用果实可在种子充分成熟时采收。同一树上果实的成熟期不一致，应分期分批采收。

（二）采收技术

防止一切机械损伤，如指甲伤、碰伤、擦伤、压伤等。苹果成熟后，果梗产生离层，易与果台分离，采摘时要注意保留果梗，勿使脱落或折断，便于保藏。荔枝可在果穗基枝顶部密节处折果枝。柑橘采果时宜“一果两剪”，即第一剪带果柄 3～4mm 剪断，第二剪则齐果蒂把果柄剪去。板栗、核桃等则可摇落或打落采收。

采果的次序应先摘树冠下部，后摘树冠上部，先摘树冠外围，再摘树冠内膛。

（三）分级

果实采下后，在果园内可进行初选，大致区分为外销果及内销甲级果、乙级果等（表

69－1、表 69－2）。分级过程中可将病虫害果、机械损伤果剔出，剔出的果可作为加工原料。区别果实大小的方法，目前使用的最简单器械就是分级板。

（四）包装

1. 包装容器　近地销售的果实一般用筒装，大包装；远销果实一般用纸箱包装。

2. 包装　纸箱内放置衬垫物和填充物，果实套上防震泡沫网，将果实排放整齐紧密。如果箱内有分隔板，则每格放 1 个果实。

3. 标签　最后在包装容器上标明品种、等级、重量及产地等。

表 69－1　苹果分级标准

项目		等级标准			
		一等	二等	三等	四等
果形		具有本品种的形状特征，带有果梗	具有本品种的形状特征，可缺果梗	果实成熟，果形不限	果实成熟，果形不限
色泽		具有本品种应有的色泽，色泽占果面 1/3以上	具有本品种应有的色泽，色泽占果面 1/4 以上	不限	不限
个头（横径）	大果	65mm 以上	60mm 以上	55mm 以上	50mm 以上
	小果	60mm 以上	55 mm 以上	50mm 以上	45mm 以上
碰压伤		轻微，总面积小于 0.5cm^2	轻微，总面积不超过 1cm^2	轻微，总面积小于 3cm^2，最大伤面小于 1cm^2	不腐烂
刺伤		不允许	不允许	允许干疤两处，每处不超过 0.05cm^2	不腐烂
磨伤		总面积不超过果面的 1/8	总面积不超过果面的 1/5	总面积不超过果面的 1/2	不限
介壳虫		不允许	<15 个小斑点	不限	不限
虫伤		允许 3 处，最大伤处小于 0.03cm^2	允许 5 处，最大伤处小于 0.05cm^2	总面积不超过 2 cm^2，最大伤小于 1cm^2	总面积小于 5cm^2
病伤		不允许	不允许	允许梨小食心虫、桃小食心虫和轻微的苦痘病、锈果病	不腐烂

表 69-2 甜橙、红橘、柠檬分级标准

项目		甲级	乙级	丙级
果实最大横断面直径		甜橙 65mm 以上 红橘 60mm 以上 柠檬 55mm 以上	甜橙 60mm 以上 红橘 50mm 以上 柠檬 45mm 以上	甜橙 50mm 以上 红橘 45mm 以上 柠檬 40mm 以上
损伤与病虫害		无任何新的伤痕及引起腐烂的病果、落地果	允许轻微的伤口（深度不到白皮层，无明显的压伤痕迹），但不得有落地果和明显腐烂的病果	不得有显著腐烂的病果
检疫对象		不得有蛆果（橘小实蝇等）	不得有橘小实蝇等	不得有橘小实蝇等
品种	果蒂	果蒂完整，齐果眉剪平	红橘有果蒂，甜橙的果蒂可自然脱落	
	果形	果形端正	无过分影响美观的畸形	
	色泽	具有成熟的固有色泽，甜橙呈橙黄色，红橘呈红色，允许微带绿色	不得有全青果	
	新鲜度	新鲜壮实	新鲜壮实，红橘允许有泡柑	
	斑疤麻灰	愈合的伤疤、烟煤、虫点、病迹和其他不干净的东西综合起来，按果实分布面积计算，甜橙小于1/3，红橘和柠檬小于1/4，果实不粘泥和水	愈合的伤疤、烟煤、虫点、病迹和其他不干净的东西综合起来，按果实分布面积计算，甜橙、红橘、柠檬小于1/2	

作 业

实习采果，调查各级果实所占百分率。若高等级果比例小，分析原因。

（执笔人：周碧燕）

实验 70

果实液浸标本的制作

目的要求

了解果实液浸标本的制作原理、配方选择及制作方法。

材料及用具

1. 材料 带有不同颜色的、供浸制用的果实。表 70－1 列出制作液浸标本常用药剂。

2. 用具 各种型号有盖玻璃瓶，大小量筒或量杯，天平，不锈钢刀及砧板，剪刀，烧杯，玻璃棒或玻璃片，酒精灯及三脚架，石棉纱网，封蜡及毛笔，标签纸，高级绘图墨水，胶水，白纱线或塑料线。

内容及方法

（一）制作方法

1. 液浸标本药液的配制 根据果实液浸标本的需要，参考表 70－2 的配方，选取表 70－1 所列的试剂配制相应的保存液。

2. 果实的准备 把待浸制的果实用清水洗净，存放于干净的玻璃标本瓶中。若需切开剖面，可用不锈钢刀在水中操作，以防果实所含单宁及果酸在空气中与金属接触氧化，若有绿色部分，则先在硫酸铜溶液中固定后再浸制。

3. 果实的固定 用玻璃片或玻璃棒或小竹片将瓶中果实固定，以免加入药液后果实上浮。

4. 药液浸渍 把配好的保存液加入玻璃瓶中，将果实充分浸渍，把瓶盖紧。

5. 标本密封 待没有气泡逸出后，即用蜡密封，封蜡的配方是石蜡 4 份、蜂蜡 2 份、松香 1 份，用间接加热法，避免因温度过高封蜡变褐色而影响美观。涂蜡务求均匀、薄且齐整。

6. 贴标签纸 用不脱色墨水将所浸标本的学名、中文名（包括品种名）、标本来源、制作日期写于标签纸上并贴于标本瓶外壁上方。标签纸干后涂蜡保护。

表 70-1 液浸标本常用药剂规格及其作用特性

名称	规格	作用特性	备注
水（H_2O）	蒸馏水或冷开水	水是必不可少的溶剂，浸液中绝大部分是水	大量配制时可用冷开水，要求澄清无杂质
乙醇（C_2H_5OH）	95%～96%	乙醇是良好的杀菌剂及固定剂，能使原生质发生轻微收缩，材料久存易变脆而折断	一般不用较贵的无水乙醇
福尔马林（HCHO）	40%甲醛	福尔马林起固定和杀菌作用，兼具硬化剂的作用，避免使用乙醇时造成的过度坚硬	又名蚁醛
亚硫酸（H_2SO_3）	化学纯 C. P.	防腐及防止发酵，又有漂白作用，浓度高会使果实脱落	
乙酸（CH_3COOH）	化学纯 C. P.	使细胞发生膨胀，能溶解脂肪，渗透力强，是染色质的保存剂	又名冰醋酸
硫酸（H_2SO_4）	化学纯 C. P.	防腐能力特强，浓度高会使果实褪色	
硫酸铜（$CuSO_4 \cdot 5H_2O$）	化学纯 C. P.	固定绿色	
醋酸铜［$Cu(C_2H_3O_2)_2 \cdot H_2O$］	化学纯 C. P.	固定绿色	
甘油［$(CH_2OH)_2CHOH$］	化学纯 C. P.	防止果肉和果皮吸水膨胀而破裂	
砂糖（$C_{12}H_{22}O_{11}$）	洁白无杂质	代替甘油	
食盐（NaCl）	洁白无杂质	防腐，但浓度高能使细胞失水	

表 70-2 果实液浸标本常用浸液配方

保持颜色	配方及配制方法	适应果树种类	备注
普通保存液	福尔马林 2mL 加水 98mL（福尔马林浓度视标本大小而定，一般为 2%～10%）	无需特别保持原色的各种果实，防腐力强	即福尔马林水溶液
普通保存液	福尔马林 5mL、冰醋酸 5mL、80%乙醇 90mL（即 FAA 液）	无需特别保持原色的各种果实，防腐力强	有固定剂作用
绿色保存液	把醋酸铜粉末加入 50%醋酸水溶液中至不再溶解，用此液 1 份加水 4 份，加热至约 80℃时放入标本，至标本自黄色变为原来绿色，取出洗净，保存于 50%福尔马林溶液中	绿色豆荚、未成熟水果、青菜叶片	

（续）

保持颜色	配方及配制方法	适应果树种类	备注
黄绿色保存液	亚硫酸 3mL、福尔马林 3mL、水 94mL，标本直接保存于此溶液中	香蕉、大蕉等	
黄绿色保存液	亚硫酸 1mL、乙醇 2mL、甘油 5 mL、水 92mL，标本保存于此溶液中	香蕉、大蕉、柑、橙、杧果、枇杷、菠萝	若果皮特薄，可适当增加甘油或 50%糖液
红色保存液	硼酸 4.5g、乙醇 20mL、福尔马林 30mL、50%甘油 25mL、水 200mL，标本直接放入此溶液中	荔枝	
黄色、橘红色保存液	氯化锌 50g、福尔马林 25mL、甘油 25mL、水 1 000mL，氯化锌溶于热水中	杏、梨、柿、柑橘、黄色苹果	有沉淀则用其澄清液
紫色保存液	10g 氯化锌溶于 400mL 水，加甲醛 10mL、甘油 10mL，过滤	紫色葡萄等	有绿色部分须先在硫酸铜溶液中固定
橙黄色保存液	亚硫酸 4mL、福尔马林 30mL、砂糖 5g、水 93mL，标本直接放入此溶液中	橙、椪柑	

（二）注意事项

1. 所采标本要有代表性，要新鲜无损伤，不过熟。

2. 浸制初期果实易上浮，露出液面部分易腐烂，要用玻璃棒等压其下沉，待充分吸液不再上浮后再取出玻璃棒。

3. 及时密封，防止挥发性药剂因挥发而降低浓度，影响效果。

4. 有些果实在保存液中常分泌色素，使透明的原液变色，须及时更换保存液，含单宁多的果实需换几次保存液才不会再变色。

在制作前，了解每种果实所含色素及各药剂的作用性质，对果实保持原色有重要意义。例如，梨、柿、黄苹果、柑橘等含叶黄素及胡萝卜素的果实，用亚硫酸保存比较适宜，因为亚硫酸有防腐及防止发酵的作用。但亚硫酸又有漂白作用，浓度太高会使果实褪色，浓度过低会影响防腐的效果，可加入少量乙醇，以增强防腐效果。枇杷可直接保存于含 0.2%～0.3%SO_2的亚硫酸溶液中。

作　业

果实液浸一段时间后检查各标本浸制的效果，并书写报告。

（执笔人：周碧燕）

实验 71

果园管理工作历的制定

目的要求

制定果园管理工作历是果树生产中的一项重要工作，在掌握果树栽培学理论知识的基础上，结合实验或实习，提升组织果树生产管理能力。要求根据实习果园的生产情况、环境特点及人力物力等条件，制定出果园周年管理工作历。

内容及方法

（一）制定果园管理工作历的基本要求

1. 制定果园管理工作历的主要依据是果树物候期、当地气候条件及果树树龄、树势等。要在总结历年管理经验的基础上，结合当年的实际情况来制定。

2. 工作历可按年、月、旬、周制定。大果园树种多，树龄不一，产量要求不同，可根据实际情况按区、片制定不同的工作历，通常以表格形式展现。

3. 在工作历中安排工作除提出技术措施外，还应有产量、质量标准要求，用工用料计划，以便进行成本核算，体现经济效益。此外，工作历执行过程中还应有相应的监督和检查制度。

（二）果园管理工作历涉及的主要工作内容

1. 土壤管理

（1）施肥：基肥、追肥（含叶面肥）的时期，肥料的种类，施肥量，施肥方法。

（2）灌水排水：灌水时期（含封冻水）、方法、灌水量和要求。降水量多、地下水位高的区域建立明沟排水或暗管排水系统，深、浅排水沟搭配，山地果园修建环山沟、背沟，清理排水沟淤泥、杂草等时期和方法，保持比降。

（3）中耕除草：中耕的时期、深度，使用除草剂的时期、种类和方法。

（4）深耕和改良土壤：时期和方法。

（5）修筑梯田：时期和要求。

（6）修树盘或垄面：时期和要求。

（7）种植绿肥：绿肥种类，播种和翻耕的时期和方法。

2. 树体管理

（1）整形修剪：包括定干、冬季修剪、夏季修剪等，提出具体的修剪方案。

（2）保花保果：果园放蜂、人工授粉的时期及方法，施用植物生长调节剂和微肥保花保果的时期、种类、浓度和喷涂布技术要领。

（3）疏花疏果：人工疏花疏果的时期，药剂的种类、浓度、喷布技术要领。

（4）果实套袋：袋型种类、时期、数量和技术要领。

（5）吊枝、拉枝、开角：时期和方法。

（6）苗木培育和管理：砧木培育、嫁接成活、解绑、剪砧、除萌、施肥、灌水、病虫害防治、出圃和包装运输等的时期和方法。

（7）高接和桥接：时期、方法和技术要求。

（8）刮树皮和涂白：时期和技术要求。

（9）补树洞和伤口治疗：时期、方法和要求。

（10）预防自然灾害：如埋土防寒、预防霜冻及台风等，提出做预防工作的时间和方法。

（11）某些树种的特殊管理：如葡萄的出土上架、抹芽、疏枝绑蔓，柑橘的抹芽控梢，荔枝的控冬梢促花等。

3. 果实商品化处理

（1）采收：不同树种、品种按不同用途采收的时期和要求、预计产量、品质要求等。

（2）预处理和清洗消毒：预冷条件和消毒要求。

（3）分级：确定不同树种和品种的分级标准。

（4）包装：器材的准备，包装方法和要求。

（5）贮藏和运输：时期和要求。

4. 病虫害防治

（1）药剂准备：石硫合剂及其他低毒、低残留药剂的采购数量。

（2）防治工作：各种病虫害发生时期、防治方法，单一或混合喷药种类和浓度。

5. 其他管理

（1）清园消毒：时期、方法和要求。

（2）补栽：树种和品种、数量、方法和要求。

（3）防护林管理：包括种植、补栽、灌水、病虫害防治、修剪等。

（4）农具和机械检修：时期和要求。

（5）房舍检修：时期和要求。

（三）果园工作历制表

参照表 71－1 制定果园全园或各小区的周年管理工作历。

表 71-1 果园管理工作历

小区________树种________树龄________

月份	节气	物候期	工作项目	技术措施要求	用工	用料	备注

填表人：________

作　业

1. 制定柑橘园或苹果园、桃园、葡萄园的果园管理工作历。
2. 在制定的果园管理工作历中，哪几项技术措施是当季工作重点？为什么？

（执笔人：张青林）

主要参考文献

布合力其木·艾买提，2021. 葡萄栽培与修剪技术要点研究［J］. 农家致富顾问（8）：18.
曹玉芬，张绍玲，2020. 中国梨遗传资源［M］. 北京：中国农业出版社.
岑凯，吴锡锋，2018. 柑橘整形修剪技术要点［J］. 农技服务，35（5）：70－71.
陈厚彬，苏钻贤，张荣，等，2014. 荔枝花芽分化研究进展［J］. 中国农业科学，47（9）：1774－1783.
陈杰忠，2011. 果树栽培学各论（南方本）［M］. 4版. 北京：中国农业出版社.
陈杰忠，2000. 芒果栽培技术问答［M］. 广州：广东省科技出版社.
陈杰忠，1999. 芒果栽培实用技术［M］. 北京：中国农业出版社.
陈杰忠，2011. 南方果树生殖生理与调控技术［M］. 北京：中国农业出版社.
陈金贵，2017. 浅谈果树树苗选起运技术要点［J］. 现代化农业（9）：33－34.
陈久红，马建江，李永丰，等，2019. 行间生草对库尔勒香梨果园小气候，光合特性及果实品质的影响［J］. 北方园艺（22）：49－59.
陈凯，胡国谦，1984. 果树叶面积系数的测量［J］. 植物杂志（1）：6－7.
陈利娜，薛辉，李好先，等，2017. 石榴花芽石蜡切片制作方法的改良［J］. 安徽农业科学，45（2）：1－3，16.
陈石，陈丽娜，李润唐，等，2011. 红肉火龙果与白肉火龙果花特性比较［J］. 中国南方果树，40（2）：43－45.
陈伟，2020. 秸秆覆盖技术在果园中的应用［J］. 新农业（13）：7－8.
陈伟杰，2016. 菠萝皮蛋白酶的制备，特性及应用研究［D］. 辽宁：锦州医科大学.
陈霞，2017. 城郊现代化生态果园经济效益分析［J］. 现代农业科技（9）：116－117.
陈湘云，王先荣，石雪晖，等，2019."阳光玫瑰"葡萄生物学特性及其栽培关键技术［J］. 湖南农业科学（8）：70－73.
陈秀高，2017. 葡萄生长期修剪以及花果管理研究［J］. 农业与技术（22）：60.
陈业渊，贺军虎，2007. 热带，南亚热带果树种质资源数据质量控制规范［M］. 北京：中国农业出版社.
陈苑红，李秀丽，2012. 柑橘缺素症的识别及防治措施［J］. 中国园艺文摘，28（4）：172－173.
程晓东，2019. 果树嫁接成活的原理与方法［J］. 农业工程技术（14）：43.
邓秀新，彭抒昂，2013. 柑橘学［M］. 北京：中国农业出版社.
杜晓云，赵玲玲，于晓丽，等，2020. 木本果树嫩枝扦插技术要点［J］. 烟台果树（3）：44－45.
高志红，2018. 果树栽培实验实习指导［M］. 北京：中国农业出版社.
郭晓睿，宋涛，邓丽娟，等，2021. 果园生草对中国果园土壤肥力和生产力影响的整合分析［J］. 应用生态学报，32（11）：4021－4028.
贺军虎，2014. 菠萝新品种及优质高产栽培技术［M］. 北京：中国农业出版社.
胡广波，2016. 葡萄夏季修剪与管理技术［J］. 现代园艺（7）：61－62.
华敏，何凡，王祥和，等，2005. 荔枝密植园修剪技术研究［J］. 中国南方果树（5）：32－33.
黄春亮，陆驰，黄立平，等，2017. 6个龙眼品种（品系）果实生长发育观察及果实品质比较［J］. 南方园艺，28（6）：1-6.
黄凤珠，陆贵锋，韦蒴瞳，等，2021. 火龙果花表型性状多样性及其与结果性状的相关性［J］. 中国热带农业（4）：24-29.
黄凤珠，陆贵锋，武志江，等，2019. 火龙果种质资源果实品质性状多样性分析［J］. 中国南方果树，48（6）：46-52，58.
金方伦，王贤玉，2017. 果树育苗关键技术研究［J］. 中国果菜，37（8）：34-36.
金子煜，刘淑红，周祥军，2021. 葡萄冬季修剪技术浅析［J］. 南方农业（5）：30-31.
寇建村，杨文权，李尚玮，等，2016. 我国果园土壤有机质研究进展［J］. 北方园艺（4）：185-191.
邝瑞彬，魏岳荣，邓贵明，等，2016. 香蕉高效组培快繁技术的研究［J］. 果树学报（10）：1315-1320.
黎华寿，王建武，周强，等，2001. 龙眼树干，枝，叶，果实空间分布格局研究［J］. 应用生态学报（6）：819-823.
黎志彬，吴仁成，2005. 柑橘的整形修剪［J］. 湖北林业科技（6）：36-46.
李道高，1996. 柑橘学［M］. 北京：中国农业出版社.
李会科，梅立新，高华，2009. 黄土高原旱地苹果园生草对果园小气候的影响［J］. 草地学报，17（5）：615-620.
李玲，2018. 现代植物生长调节剂技术手册［M］. 北京：化学工业出版社.
李玲，肖浪涛，2018. 植物生长调节剂应用手册［M］. 北京：化学工业出版社.
李琴义，张向红，张斌，2012. 葡萄优良品种介绍［J］. 河北果树（4）：28-29.
李清香，2016. 水果型番木瓜组培快繁体系的建立及应用研究［D］. 南宁：广西大学.
李瑞高，梁木源，李洁维，等，1996. 猕猴桃属植物生物学特征特性观测［J］. 广西植物（3）：265-272.
李三玉，1993. 果树栽植与管理［M］. 上海：上海科技出版社.
李绍华，罗正荣，刘国杰，等. 1999. 果树栽培概论［M］. 北京：高等教育出版社.
李树伟，2019. 夏黑葡萄生长特性及优质丰产栽培技术［J］. 现代农业科技（11）：68.
李艳霞，黄东梅，金志强，等，2015. 番木瓜组织培养技术及植株再生的研究［J］. 中国热带农业（5）：58-60.
李作轩，2004. 园艺学实践［M］. 北京：中国农业出版社.
梁立峰，2004. 果树栽培学实验实习指导（南方本）［M］. 2 版. 北京：中国农业出版社.
梁天干，陈玲，1965. 福州红核子龙眼花芽分化的初步观察［J］. 园艺学报（1）：13-18.
廖光联，陈璐，高欣越，等，2020. 毛花猕猴桃‘赣猕 6 号’主要生物学特性研究［J］. 中国农学通报，36（8）：38-42.
廖光联，刘青，钟敏，等，2021. 毛花猕猴桃花芽石蜡切片制作方法的改良［J］. 农业与技术，41（13）：10-13.
廖明安，2018. 园艺植物研究法［M］. 北京：中国农业出版社.
廖明安，2018. 园艺植物研究法实验实习指导［M］. 北京：中国农业出版社.
林顺权，2008. 枇杷精细管理十二个月［M］. 北京：中国农业出版社.
刘成立，王猛，郭攀阳，等，2020. 火龙果花和果实的动态发育规律研究［J］. 海南大学学报（自然科学版），38（2）：147-152.
刘传和，陈杰忠，朱运洪，2005. 果树疏果研究概况［J］. 北方园艺（5）：32-33.
刘海燕，2020. 果树嫁接成活的原理与方法［J］. 农业工程技术（2）：42.
刘坤，1994. 水果浸渍标本的制作与保存［J］. 北方果树（1）：4.

刘森，2022. 规模化梯田式山地果园规划与经营［J］. 河北果树（1）：50－53，55.

刘荣章，王小安，林旗华，等，2020. 南方山地休闲果园规划与建设［M］. 福州：福建科学技术出版社.

刘淑芳，2016. 影响果树嫁接成活率的关键因素［J］. 山西果树（4）：34－36.

刘思汝，石伟琦，马海洋，等，2019. 果树水肥一体化高效利用技术研究进展［J］. 果树学报，36（3）：366－384.

刘玮，苗迎君，李随安，2019. 果园施肥中存在的问题及解决办法［J］. 农业技术与装备，357（9）：24－26.

刘希蝶，李碧莲，2000. 枇杷整形修剪技术［J］. 福建果树（3）：53－54.

刘振怀，刘笑天，江景勇，2017. 落叶果树扦插繁殖技术［J］. 科学种养（3）：20－22.

鹿明芳，鹿培奉，2000. 苹果砧木种子的层积，催芽与播种［J］. 烟台果树（1）：47.

罗国涛，刘晓纳，张曼曼，等，2020. 柑橘砧木根系形态特征与植株耐旱性评价［J］. 果树学报，37（9）：1314－1325.

罗正荣，王仁梓，2001. 甜柿优质丰产栽培技术彩色图说［M］. 北京：中国农业出版社.

马雪筠，周丽侬，陈俊秋，1989. 香蕉组织培养快速繁殖技术的研究［J］. 广东农业科学（1）：22－24.

农业部发展南亚热带作物办公室，1998. 中国热带南亚热带果树（枣和毛叶枣）［M］. 北京：中国农业出版社.

齐国辉，李保国，黄瑞虹，等，2008. 早实核桃新品种的生物学特性［J］. 经济林研究，26（2）：39－43.

乔济深，2021. 果树嫁接的优势及操作技术［J］. 园艺与种苗（8）：36－37.

邱发春，1997. 果园等高水平梯田开垦技术［J］. 福建农业（1）：7.

曲泽洲，1992. 果树栽培学实验实习指导书（果树专业用）［M］. 北京：中国农业出版社.

任晶晶，2020. 果树苗木扦插技术与管理方法［J］. 农业与技术，40（18）：146－147.

任军，李发兵，2008. 林木种子的催芽方法［J］. 农村科技（7）：80－81.

阮少唐，1963. 荔枝品种分类问题的探讨［J］. 园艺学报，2（4）：345－350.

山东农学院，西北农学院，1980. 植物生理学实验指导［M］. 济南：山东科学技术出版社.

沈慧，2012. 果苗出圃分步走［J］. 北京农业（31）：25.

宋宇琴，李六林，李洁，等，2015. 现代土壤管理措施对果园水分的影响［J］. 北京农学院学报，30（3）：131－136.

孙凤秋，2019. 提高果树嫁接成活率的方法［J］. 乡村科技（18）：101－102.

孙佩光，程志号，孙长君，等，2020. 红肉火龙果花器官发生与发育过程观察［J］. 福建农业学报，35（9）：943－949.

汪景彦，朱奇，2018. 现代苹果修剪技术图解［M］. 北京：中国农业出版社.

王得伟，李平，弋晓康，等，2021. 果园施肥工艺流程和相关机械应用现状与发展趋势［J］. 果树学报，38（5）：792－805.

王厚臣，史作安，梁美霞，等，2019. 果园土壤健康状态与苹果健康栽培［J］. 落叶果树，51（2）：63－64.

王磊，2021. 葡萄栽培与修剪技术要点研究［J］. 种子科技（13）：51－52.

王仁梓，2009. 图说柿高效栽培关键技术［M］. 北京：金盾出版社.

王艳廷，冀晓昊，吴玉森，等，2015. 我国果园生草的研究进展［J］. 应用生态学报，26（6）：1892－1900.

王永芬，王美存，张翠仙，等，2019. 巴西蕉优选 3 号继代增殖培养基的筛选［J］. 热带农业科学，39

（6）：19－23.

韦兰洁，陈依丽，李昌杰，等，2022. 火龙果裂果与果实主要性状的相关性分析［J］. 南方农业，16（5）：46－49.

魏文娜，唐前瑞，杨国顺，1996. 桃李梅杏四种核果类植物亲缘关系的研究——形态特征的异同点［J］. 湖南农业大学学报（2）：125－130.

温波，1991. 金沙江干热河谷区番木瓜生物学特性研究［J］. 四川农业大学学报，9（3）：424－428.

文慧婷，张翠玲，2007. 热带水果标本液浸法制作研究［J］. 现代农业科技，19：26.

吴耕民，1993. 中国温带落叶果树栽培学［M］. 杭州：浙江科学技术出版社.

吴兴，2000. 荔枝树回缩修剪技术探讨［J］. 福建热作科技（2）：33－34.

谢海明，2017. 大五星枇杷的生长，结果习性观察研究［J］. 种子科技，35（8）：79－80.

熊月明，郭林榕，陈长忠，等，2008. 马来西亚10号番木瓜生物学特性及配套栽培技术［J］. 中国南方果树，37（4）：27－28.

熊月明，刘友接，黄雄峰，2015. 12份番木瓜种质资源的主要特征及评价［J］. 中国南方果树，44（6）：118－119.

徐凤娟，2011. 树莓的分株和压条繁殖［J］. 山西果树（3）：56.

徐汇，徐元元，李光辉，2022. 基于探地雷达的果树根系检测试验与分析［J］. 江苏农业科学，50（2）：170－177.

徐昆泉，王礼文，2022. 阳光玫瑰葡萄的特征与栽培技术方法分析［J］. 种子科技（1）：64－66.

徐小迪，周宇涵，石其宇，等，2021. 果园土壤培肥技术研究现状［J］. 安徽农学通报，27（7）：119－121，135.

薛玲，庄童琳，白龙，等，2019. 果树嫁接的优势及关键技术［J］. 中国果菜（6）：67－70.

晏立新，2016. 葡萄标准化整形修剪技术［J］. 农村科技（6）：54－55.

杨富林，2014. 果树育苗技术的应用［J］. 现代园艺（24）：36－37.

杨勇，王仁梓，2006. 柿种质资源描述规范和数据标准［M］. 北京：中国农业出版社.

杨治元，2007. 醉金香葡萄特性与无籽栽培要点［J］. 果农之友（3）：21.

叶明儿，1996. 枇杷、杨梅栽培技术问答［M］. 北京：中国农业出版社.

叶明儿，1996. 葡萄栽培技术［M］. 杭州：浙江科技出版社.

叶明儿，1999. 大棚梨［M］. 北京：中国农业科技出版社.

叶维雁，欧景莉，宁蕾，等，2021. 火龙果结果枝对果实品质的影响［J］. 云南农业大学学报（自然科学），36（1）：91－96.

俞德浚，1979. 中国果树分类学［M］. 北京：农业出版社.

原远，单伟，蔡俊锟，等，2010. 枇杷属野生植物生长结果习性观察［J］. 福建果树（4）：4－11.

臧小平，马蔚红，张承林，等，2011. 水肥一体化技术在海南干热香蕉种植区的应用［J］. 亚热带植物科学，40（4）：32－37.

张琼英，1993. 引种葡萄生物学特性及其栽培技术［J］. 福建果树（3）：50－52.

张玉星，2011. 果树栽培学总论［M］. 4版. 北京：中国农业出版社.

张志国，李金贵，2012. 果树嫁接技术［J］. 现代化农业（3）：25－26.

张志良，瞿伟菁，李小芳，2009. 植物生理学实验指导［M］. 北京：高等教育出版社.

章锦杨，2016. 葡萄的栽培与整形修剪技术［J］. 农业科技与信息（9）：12.

赵娜，2020. 葡萄中晚熟优良品种简介［J］. 河北果树（3）：36－37.

赵维峰，杨文秀，裴红霞，等，2018. 7个菠萝品种在云南的引种表现［J］. 中国南方果树，47（3）：90－93.

赵亚星，2021. 浅析气象因素对果树的影响及气象灾害防御对策［J］. 农业灾害研究，11（2）：93-94.
郑海金，陈秀龙，宋月君，等，2018. 江西省水土保持生态果园典型建设模式与效应［J］. 中国水土保持（10）：24-26.
郑少泉，2006. 龙眼种质资源描述规范和数据标准［M］. 北京：中国农业出版社.
郑少泉，2005. 枇杷品种与优质高效栽培技术原色图说［M］. 北京：中国农业出版社.
中国农业科学院郑州果树研究所，1987. 中国果树栽培学［M］. 北京：中国农业出版社.
中华人民共和国农业部，2016. 植物新品种特异性，一致性和稳定性测试指南　蛇葡萄属：LY/T 2599—2016.
中华人民共和国农业部，2013. 植物新品种特异性，一致性和稳定性测试指南　猕猴桃属：NY/T 2351—2013.
中华人民共和国农业部，2015. 植物新品种特异性，一致性和稳定性测试指南　香蕉：NY/T 2760—2015.
钟家煌，许荣华，杨军，等，1998. 图解桃 李 杏 樱桃 杨梅修剪技术［M］. 合肥：安徽科学技术出版社.
钟晓红，马定渭，熊瑛，等，2001. 果树栽培新技术图本［M］. 中国农业科技出版社.
钟晓红，魏文娜，刘昆玉，等，1998. 葡萄，桃，李丰产优质栽培新技术［M］. 北京：中国农业出版社.
周常勇，2020. 柑橘——中国果树科学与实践［M］. 西安：陕西科技出版社.
周开隆，叶荫民，2010. 中国果树志——柑橘卷［M］. 北京：中国林业出版社.
朱顺云，2010. 葡萄修剪技术［J］. 现代农业科技（2）：15.
朱永红，2020. 果树嫁接改良技术要点探讨［J］. 农村科学实验（18）：93-94.
Eissenstat D M，Achor D S，1999. Anatomical characteristics of roots of citrus rootstocks that vary in specific root length［J］. The New Phytologist，141（2）：309-321.
Li L，Wang S B，Chen J Z，et al，2013. Characterizations of Major Antioxidants at Harvest-Maturity and Edible-Ripening Stages of Three Mango（*Mangifera indica* L.）Cultivars［J］. Acta Horticulturae，992：529-536.
Li L，Wang S B，Chen J Z，et al，2014. Major Antioxidants and In Vitro Antioxidant Capacity of Eleven Mango（*Mangifera indica* L.）Cultivars［J］. International Journal of Food Properties，17（8）：1872-1887.
Matsunaka S，1960. Studies on the respiratory enzyme systems of plants Ⅰ：enzymeatic oxidation of α-naphthylamine in rice plant root［J］. The Journal of Biochemistry，47（6）：820-829.
Simmonds N W，Shepherd K，1955. The taxonomy and origins of the cultivated bananas［J］. Journal of the Linnean Society of London Botany，553（59）：302-312.
Simmonds N W，1962. The evolution of the bananas［J］. London，Longman：12-13.
Simmonds N W，1960. Notes on banana taxonomy［J］. Kew Bull，14（2）：198-212.
Srivastava A K，2013. Nutrient deficiency symptomology in citrus：An effective diagnostic tool or just an aid for post-mortem analysis［J］. Agricultural Advances，2（6）：177-194.

图书在版编目（CIP）数据

果树栽培学实验实习指导：南方本／陈杰忠主编．—3版．—北京：中国农业出版社，2022.8

普通高等教育农业农村部“十三五”规划教材　园艺专业实验实践系列教材

ISBN 978-7-109-29688-6

Ⅰ．①果…　Ⅱ．①陈…　Ⅲ．①果树园艺—实验—高等学校—教学参考资料　Ⅳ．①S66-33

中国版本图书馆CIP数据核字（2022）第120364号

中国农业出版社出版

地址：北京市朝阳区麦子店街18号楼

邮编：100125

责任编辑：田彬彬

版式设计：杜　然　　责任校对：刘丽香　　责任印制：王　宏

印刷：中农印务有限公司

版次：1980年10月第1版　　2022年8月第3版

印次：2022年8月第3版北京第1次印刷

发行：新华书店北京发行所

开本：787mm×1092mm　1/16

印张：12.75

字数：285千字

定价：32.00元
